中学生黄金成长系列丛书

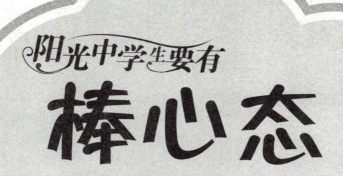

阳光中学生要有

棒心态

永 星◎著

让阳光穿透心灵的门扉

让快乐找到盈溢的窗口

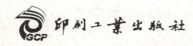印刷工业出版社

图书在版编目（CIP）数据

阳光中学生要有棒心态/永星编著.－北京：印刷工业出版社，2010.7
ISBN 978－7－80000－950－1

Ⅰ.阳… Ⅱ.永… Ⅲ.人际交往－青少年读物 Ⅳ.C912.1－49

中国版本图书馆CIP数据核字（2010）第116943号

阳光中学生要有棒心态

编　　著：永　星

策　　划：籍艳秋
策划编辑：上官紫微　　　　　　　　　责任编辑：郭　平
责任印制：张利君　　　　　　　　　　责任设计：张　羽
出版发行：印刷工业出版社（北京市翠微路2号　邮编：100036）
网　　址：www.keyin.cn　　　www.pprint.cn
网　　店：//shop36885379.taobao.com
经　　销：各地新华书店
印　　刷：北京通州丽源印刷厂

开　　本：787mm×1092mm　　1/16
字　　数：180千字
印　　张：16.25
印　　次：2010年7月第1版　　2010年7月第1次印刷
定　　价：24.00元
ＩＳＢＮ：978－7－80000－950－1

◆ 如发现印装质量问题请与我社发行部联系　发行部电话：010-88275707

总序

为青春洒一缕阳光

永星

阳光是伟大的，伟大得没有一丝狭隘和自私，总是慷慨地将她的光和热赐予世间的万事万物，却不求一丝一毫的回报；阳光也是平凡的，总是默默地在遥远的天际，以一颗悲悯、博爱的心，惠泽芸芸众生，以至于我们在心安理得地享用着她的关爱的同时，却常常忽略了她的存在。

把自己的每一缕光、每一份热、每一段情、每一个爱都及时奉献和给予你身边的每一寸土地、每一条河流、每一个人、每一件事，这是太阳的情怀，其实，也应该是做人的真谛。事实上，每个人都可以成为一颗太阳，都需要具备阳光般的素养——宽宏博爱，受人欢迎；热情慷慨，惠泽众生。而对于广大中学生而言，只有具备阳光般的心灵，生命才能充满温情，生活才能洋溢幸福。

处于青春期的中学生，每个人都渴望快乐成长，走向成功，为青春的旅程留下一段深刻的足迹。而青春岁月正是积累自我、为人生赢得资本的黄金季节。这就需要我们不荒废每一刻，努力充实自我，把自己打造成一个身心充满阳光、具有无限魅力的中学生。那么，究竟如何做，才能将阳光邀请到我们的生活中呢？

首先，阳光中学生要有棒心态。心态是一个人处世的基点。随着生活节奏的加快，社会的变革加剧，大多数人都在追逐着名利、成就，以致让心灵不堪负累，让心境变得浮躁，使心态变坏变糟。处于青春期的中学生也在生活、学业的压力下变得心灵浮躁。若缺少良好的心态，心灵就会被扭曲，思维就会被禁锢，考虑事情的角度便会出现偏激，甚至做出出格的言行举止。

阳光灿烂的笑脸来自阳光的心态。有了棒心态，明媚的阳光才会洒向生活的每个角落，才会浸润青春的每一阶段。本该神采飞扬、激情四射的

中学生面对来自学习的压力，该怎样缓解？面对嫉妒、狭隘、猜疑、虚荣、自卑等负面的心理反应，该如何调节，才能走出心灵的泥淖？《阳光中学生要有棒心态》会为你指出一条走出心灵困境、拥有自信人生的途径，为你打开一扇心门。

其次，阳光中学生要有金口才。口才是一种比黄金还珍贵的才华。它不但是现代社会中一个人生存必备本领之一，也是你才华的外现，展露你心灵的一个窗口。随着社会的发展，人与人之间的沟通变得更频繁、更直接，对于口才的要求便会更高。

很难想象，一个笨口拙舌、说话脸红心跳、语无伦次的人，又如何能在激烈的竞争中脱颖而出，赢得成功。在校园生活中，如何化解尴尬？如何劝服他人？如何鼓励他人？如何感谢他人？如何向人求助？这一系列的现实生活、学习问题，哪一项离得开口才？又怎能离得开口才？《阳光中学生要有金口才》便用生动的语言、有趣的故事为你的口才"镀金"。

最后，阳光中学生要有好人缘。人缘是一种比富矿还富饶的宝藏。拥有一个好人缘，你便拥有了人世间最为珍贵的亲情、友情、爱情，所有的幸运都将降临到你身上，所有的幸福都将不期而至，所有的快乐都将充盈在你心间。

作为中学生，正处在成长阶段，由于知识、阅历、思维方式的局限，遇到棘手问题难免会感到无所适从，比如，与朋友闹了矛盾以后怎么办？朋友对自己缺少了信任怎么办？如何让你的人际圈越阔越宽？如何同那些对你有帮助的人交往？所有这一切难题，你是否有信心、有方法从容化解？读了《阳光中学生要有好人缘》，也许你就能够找到行之有效的解决方案。

青春是首歌，成就的是你和我。少年时代的我们是最容易吸收知识、积攒能力的时期，牢牢把握这段年少时光，打造棒心态、练就金口才、建立好人缘。如此一来，在青春之路上，你的笑容才会更甜美、阳光，你的人生才会更加自信、洒脱！

目录

1 好心态是梦想的翅膀

心态决定人生走向 …………………………………………… 2

没有棒心态，难有好人生 …………………………………… 4

不能改变环境，就去改变心境 ……………………………… 6

洛克菲勒的原则 ……………………………………………… 8

把自己放在离成功最近的地方 …………………………… 10

人生需要积极的自我暗示 ………………………………… 12

一个关于心态的测试 ……………………………………… 14

发牢骚，让自己和别人都不快乐 ………………………… 16

独木桥的走法 ……………………………………………… 18

心态法则　墨菲定律：失败不可怕，可怕的是你的态度 … 20

2 笑看人生，用乐观驾驭悲观

悲观者和乐观者 …………………………………………… 26

寂寞是一种财富 …………………………………………… 28

压力减一点，快乐增一点 ………………………………… 30

寂寞伴你度过黑暗 ………………………………………… 32

内向的你要学会摆脱忧郁 ………………………………… 34

出丑的窦文涛 ……………………………………………… 36

别为两元钱烦恼 …………………………………………… 38

担起责任 ·· 40

别为小事烦恼 ·· 42

对自己的言行负责 ······································ 44

智者不会斤斤计较 ······································ 46

心态法则 鸟笼逻辑：不做别人满意的自己 ··········· 48

3 以积极的心态融入社会

你与目标之间有多远 ···································· 54

为何不尝试着改变自己 ·································· 56

曾巩发愤苦读 ·· 58

天下没有不劳而获的东西 ································ 60

你永远不会丧失价值 ···································· 62

任何选择都是一种放弃 ·································· 64

相信自己，别为误会烦恼 ································ 66

每个人都很富有 ·· 68

1850次拒绝 ··· 70

不舍不弃才能柳暗花明 ·································· 72

心态法则 跳蚤效应：心有多宽，舞台就有多大 ······· 74

4 处理好人际关系，你将不再寂寞

独木难成林，成功离不开合作 ···························· 80

滴水宜入海，在合作中实现双赢 ························· 82

理解别人，要克服"先入为主" ························· 84

多一个敌人就是多了一堵墙 ····························· 86

化解一段积怨就是搭了一座桥 ··························· 88

谦逊是一种修养 ·· 90

躬下身来，让你更受尊敬 ……………………………… 92

坦诚令沟通变得容易 …………………………………… 94

心态法则 马蝇法则：把对手当成你的动力之源 ……… 96

5 调整心态，挣脱消极心态的束缚

松一松那根紧张的弦 …………………………………… 100

心无旁骛才能苦尽甘来 ………………………………… 102

把挫折看做一种投资 …………………………………… 104

一生只做一件事 ………………………………………… 106

性格决定命运 …………………………………………… 108

控制自己的逆反心理 …………………………………… 110

打开自闭的心门 ………………………………………… 112

风中亮出自己的旗 ……………………………………… 114

聪明的选择决定优质的生活 …………………………… 116

正确对待批评 …………………………………………… 118

嫉妒别人是承认自己屡弱 ……………………………… 120

心态法则 蜕皮效应：超越自己才能不断成长 ……… 122

6 控制情绪，做情绪的主人

做情绪的主人 …………………………………………… 128

克己制怒，时时冷静 …………………………………… 130

自私只能是害人害己 …………………………………… 132

走出狭隘，对他人给予理解和肯定 …………………… 134

跨越过度紧张的障碍 …………………………………… 136

篱笆上的钉子 …………………………………………… 138

舍弃无休无止的争吵 …………………………………… 140

不再犹豫，战胜内心的脆弱 ·············· 142

不要走进早恋的误区 ·················· 144

心态法则 性格改造：从悲观走向乐观 ······· 146

7 成为有智慧的人

匡衡勤奋读书的故事 ·················· 150

时时保持"空杯心态" ················· 152

学习是每个人的必修课 ················ 154

人生处处是起点 ···················· 156

不进步，就是退步 ··················· 158

拥有智慧，你的生活会更加有趣 ·········· 160

把废料变成美金 ···················· 162

为达目标，不妨绕道而行 ··············· 164

道路是曲折的，捷径也可能是曲线的 ······· 166

别做那只愚笨的蚂蚁 ················· 168

心态法则 成功始于学习 ··············· 170

8 相信自我，走好自己的路

只要你想，你就能 ··················· 176

只有"想不到"，没有"做不到" ········· 178

剔除人生词典中的"不可能" ············ 180

多一份信心，就会少一份失败 ··········· 182

你不放弃希望，希望就不放弃你 ·········· 184

学会顶着议论前进 ·················· 186

自卑是可以彻底摆脱的 ··············· 188

别为失败找借口 ···················· 190

锲而不舍才能金石为开 ……………………………… 192

心态法则 跨栏定律：正确面对打击 ………………… 194

9 摆正心态，让人生一路通途

只要心中有希望，就可以看到太阳 ………………… 200

做快乐钥匙的主人 …………………………………… 202

不要因自私而成为孤家寡人 ………………………… 204

用最适合自己的方式做最正确的选择 ……………… 206

调整心态，获得快乐 ………………………………… 208

没有最好，只有更好 ………………………………… 210

方向性错误，需要我们及时改正 …………………… 212

条条大路通罗马，何必一条道走到黑 ……………… 214

切莫夜郎自大 ………………………………………… 216

找到那双适合自己的"鞋" …………………………… 218

勇于认错是人格健全的表现 ………………………… 220

承认错误，可以帮助你化解棘手难题 ……………… 222

主动认错，别妄图寻找借口 ………………………… 224

贪婪是心灵的毒药 …………………………………… 226

心态法则 从众效应：不从众才能脱颖而出 ……… 228

10 感恩，使浮躁的心平静下来

不要吝啬向别人说谢谢 ……………………………… 232

学会感恩，从今天开始 ……………………………… 234

要学会感谢帮助你的人 ……………………………… 236

学会感恩目前所有，不做贪心的羊群 ……………… 238

微笑的力量 …………………………………………… 240

感恩之心需要及时表达 · 242
善于把快乐"传染"给他人 · 244
经常对亲近的人说"谢谢" · 246
心态法则 皮格马利翁效应：不要吝啬激励 · · · · · · · · · · · 248

① 好心态是梦想的翅膀

最初的梦想紧握在手上
最想要去的地方
怎么能在半路就放
最初的梦想绝对会到达
实现了真的渴望
才能够算到过了天堂
绝对会到达

——《最初的梦想》范玮琪

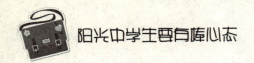

心态决定人生走向

在一次席卷全球的金融危机中，年轻的企业家布朗一下子从百万富翁变成了穷光蛋。想到企业的倒闭、银行的贷款，布朗痛不欲生，他决定自杀。

他来到一片空旷的野地里，给自己挖了一个坟坑。坑挖好了，他一看，这坟光秃秃的，实在不好看，于是便在周围种上树木和花草。接下来的数天里，布朗的全部心思都花在种植上面。

渐渐的，他迷上了园艺，觉得种植是世界上最美好的事情了。于是，布朗放弃了一切，醉心于培育各种珍贵的树木和奇花异草。几年后，他的成就闻名遐迩，吸引来一批又一批的游人观看他的植物。

有一天，一个可爱的小女孩和她的妈妈来布朗的"植物园"游览。小女孩指着布朗当初挖的"坟坑"，问妈妈："妈妈，妈妈，你看这是什么呀？"妈妈回答："我不知道，你问这位叔叔吧！"

小女孩便跑过来问布朗，布朗的脸一下子红了，他想了想，对小女孩说："小朋友，这是叔叔特意为你挖的树坑，你喜欢什么，我就种什么。"

听了布朗的话，小女孩和她的妈妈都高兴地笑了。

人生就如同布朗所挖的坑一般，你把它想象成坟墓，它就是坟墓；你把它想象成树坑，它就能养育出绚烂的花朵。也就是说，你的心态决定了你一生的走向，打破心中的瓶颈，就可以排除一切障碍。只要你用心去寻找，就总能发现生活中许多美好的事物。所以，要将你的思想集中在生活中那些善良、美好、真实的事物上，而不是相反方面。

智慧心语：

为了在生活中努力发挥自己的作用，热爱人生吧。

——罗丹

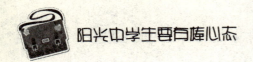

没有棒心态，难有好人生

曾经有过一场被视为"破烂拍卖会"的拍卖。拍卖商走到一把小提琴旁——一把看起来非常旧、非常破、样子磨损得非常厉害的小提琴。拍卖商拿起小提琴，拨了一下琴弦，琴发出的声音跑调了，难听得要命。

他看着这把又旧又脏的小提琴，皱着眉头、毫无热情地开始出价——10元。结果很显然，没人接手。他把价格降到5元，还是没有人买。他继续降价，一直降到0.5元。

他说："0.5元，只有0.5元。我知道它值不了多少钱，可是只要花5毛钱就能把它拿走！"

就在这时，一位头发花白、留着长胡子的老头走到前面来，问拍卖商能否让自己看看这把琴。拍卖商于是把琴递给老头，老头拿出手绢，把灰尘和脏痕从琴上擦去。他慢慢拨动着琴弦，一丝不苟地给每一根弦调音。然后他把这只破旧的小提琴架在肩上，开始演奏。

这一刻，从这把琴上奏出的音乐是现场许多人听过的最美的音乐。美妙的旋律从这把破旧的小提琴上流淌出来。

拍卖商又问小提琴的起价是多少。

一个人说100元，另一个人说200元。然后小提琴的价格就一直上升，直到最后以1000元成交。曾经一把破旧得连0.5元钱都没有人买的小提琴，为什么最后竟有人花1000元买下了它？因为它能奏出优美的乐曲，给别人带来优美的享受。

人亦如琴，一个人如果没有好的心态、好的心情去面对生活、面对人生，那么他也同样没有社会价值。生活中出现困难，人生中出现挫折，这是再正常不过的事情了，我们为什么让困难、挫折毁掉自己呢？

心态决定命运，只有凡事调整好心态，积极地去改变自己，去适应生命的种种变动，这样才能充分发挥自己的潜能和能动性，使生活充满阳光，使人生走向辉煌。

智慧心语：

真正的幸福只有当你真实地认识到人生的价值时，才能体会到。

——穆尼尔·纳素夫

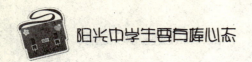

不能改变环境，就去改变心境

心理学家曾经做过一个实验，内容是让人们去看一张"一群青少年正在沼泽地区挖地"的图片。

一位实验对象在心情愉悦时对这张图片的描述是："看起来一切都很有趣，这使我想起了夏天，在大自然中劳动是生命的真正享受，是一种无法比拟的快乐，在泥沼中挖土、种植，然后看着植物发育成长，是对劳动者至高无上的奖赏。"

还是这张图片，还是这位实验对象，在他情绪忧郁的时候，他这样描述道："生活真是一场无休止的苦役。这么小的孩子就要承担如此又脏又重的体力活，这个世界没有一点人情味，他们的家长、我们的社会干什么去了？这样年龄的孩子显然还有更有趣的事情可做。这真是一片可怕的黑色土地。"

仍是这张图片，仍是这位实验对象，在他情绪焦虑的时候，他接着道："我真担心，这些孩子会弄伤他们的手脚，这种活应该让年纪大一些的人去干。一旦发生意外，真不知道会酿成怎样的悲剧。瞧，你看旁边沼泽地的水恐怕不浅吧，万一孩子不小心滑下去……"

同样一个人，在不同的情绪状态下，对同样一种事物，有不同的反应，真是耐人寻味。其实，事物还是那个事物，所不同的是人的情绪和心态。由此说来，环境的意义不在于环境本身，而在于人对环境的解读和理解。

在很多情形下，只要稍微调整一下我们的心态、我们的视角，使自己处于良好的状态，我们就可以获得一个全新的环境感受。

我们不能改变环境，但至少可以改变我们内心的想法和看待事物的态度。习惯于从坏的一面看事情，是很危险的。它会抑制你的进取心，让你被忧虑侵蚀，彻底扰乱你的生活。遇到不如意的事，如果能保持乐观，许多问题也许就能迎刃而解了。

智慧心语：

事物的本身并不影响人，人们是受到对事物看法的影响！

——叔本华

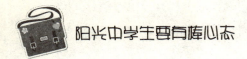

洛克菲勒的原则

约翰·洛克菲勒在他33岁那年赚到了他的第一个100万。到了43岁时，他建立了世界上最庞大的垄断企业——美国标准石油公司。但是，在他身上发生的最富传奇色彩的事情不是这些，而是他在53岁时就得了罕见的消化系统疾病，他却勇敢地战胜了它，活到了98岁。

约翰·洛克菲勒在商场上无所畏惧，叱咤风云几十年，53岁时却不幸得了莫名的消化系统疾病，不但头发不断脱落，连睫毛也没能幸免，最后，眉毛也掉得寥寥无几，医生们诊断他得了一种神经性脱毛病。后来，他不得不戴一顶扁帽。没过多久，他又花费500美金定做了一顶假发，从此再也没有脱下来过。

他的医生温格勒说："他的情况极为恶劣，有一阵子他只得依赖酸奶为生。"

克菲勒原来体魄强健，有宽阔的肩膀，走路时的步伐非常有力。可是，在多数人的巅峰岁月，他却变得肩膀下垂、步履蹒跚。后来，在听取了医生的严厉警告后，他终于选择了退休。

当全美著名的女作家艾达·塔贝尔见到他时，大吃一惊，她写道："他的脸饱经忧患洗礼，他是我见过的最老的人。"可见，当初约翰·洛克菲勒的身体差到什么程度了。

医生为了挽救洛克菲勒的生命，给他定了三项原则。这三项原则最后成了洛克菲勒终其一生遵循的人生法则。这三项原则就是：1.避免忧虑，不要在任何情况下为任何事烦恼；2.放轻松，多在户外从事适当的运动；3.注意饮食，每顿只吃七分饱。

洛克菲勒严格遵守这些原则，为此，他开始学习打高尔夫球，从事园艺，与邻居聊天、玩牌，甚至唱歌。从此，他开始思考如何用钱去为人类造福。因此，他不但捡回了一条命，还为消灭全世界的疾病成立了世界性的洛克菲勒基金会，为全人类做出了贡献。

洛克菲勒在人生将要走到尽头的时候，他没有放弃，而是积极生活，最终战胜了病魔，开始了更加辉煌而有意义的后半生。

你越积极关注自己的目标，就会越热衷实现它。一旦有了这种热望，你的理想就会变成强烈的生存欲望。

当你将积极的心态运用到自己的事业、学业或解决个人问题时，你就已经踏上了成功之道。积极的心态可以说是一种催化剂，使各种因素共同发生作用，来帮助人类实现高尚的目标。

智慧心语：

人生是各种不同的变故、循环不已的痛苦和欢乐组成的。那种永远不变的蓝天只存在于心灵中间，向现实的人生去要求未免是奢望。

——雨果

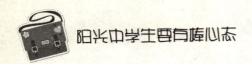

把自己放在离成功最近的地方

在一次某省的女足球队队员选拔考试中，一个性格倔犟的女孩虽然用尽全力，却依然没有通过最终的考核。考试结束之后，所有落选的女孩儿都失望地离开了，只有她还默默地坐在球场边上看队员们训练。教练看到了她的伤心样子，心里有些过意不去，就走过去安慰她。

"您能留下我吗？"女孩儿抬起头，眼睛里含着泪水。

"可是我们的主力队员已经够了。"教练为难地说道。

"那就让我做个替补队员吧，总得有人给主力队员拿衣服、送矿泉水啊。"

"你为什么非要留下来呢？"教练好奇地问道。

"我想站在离成功最近的地方，在这里我随时都有机会成为主力队员，不是吗？"

教练望着她渴望的眼神，实在是不忍心拒绝，于是留下了女孩儿。

从此以后，每当场上的队员进行训练的时候，女孩儿就默默地在场下练球。她的坚持不懈终于为她赢得了一次难得的机会。在一次重要的比赛里，前锋队员意外受伤，万般无奈的教练只好派她上场，结果女孩儿在下半场连进两球，不仅帮助本队获得了胜利，更使得自己一战成名。这个女孩儿就是女子足球世界杯最佳球员得主——孙雯。

生活就是这样，你很难一开始就获得成功。如果暂时得不到成功，那么你就站在离成功最近的位置，这样你就能得到别人得不到的机会。一旦机会到来，你就有可能第一个获得成功。曾经的现实关上了孙雯的理想之门，但她没有放弃，而是攥紧了理想的拳头，在逆境中用汗水为人生拼出一条路。这条路纵然狭窄，纵然崎岖，但她仍坚持着走完了全程。是的，只要你满怀信心，不对人生绝望，走过风雨，迎来的必将是人生的彩虹。

智慧心语：

一个人如果胸无大志，即使再有壮丽的举动也称不上是伟人。

——拉罗什夫科

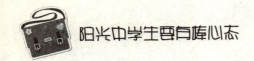

人生需要积极的自我暗示

在一个陌生城市的少年管教所里，一个因为抢劫而入罪的男孩被关在管教所里一间昏暗的囚室。他当时只有13岁，曾经吸过毒，参加过打架斗殴。他的家长和亲人已经放弃了他，认为他无药可救了。

这时，一个叫凯莉的女警察担任了他的辅导员。当她走近这个男孩，看着他时，他是那么的安静、沉默。

"希望我的到来没有打扰你。我不想问你的过去，只想让你回答一道题。"

这个男孩惊讶地望着眼前这位与众不同的女警察。

"有两个人，一个是笃信巫医，有两个情妇，有多年的吸烟史，而且嗜酒如命的人；另一个曾是国家的战斗英雄，一直保持素食习惯，热爱艺术，偶尔喝点酒，年轻时从未做过违法的事。现在，请告诉我，你猜哪一个会成为栋梁之才？"

这个男孩看了看凯莉，低声说："第二个。"

然而，凯莉的答案却让他大吃一惊。

"你的判断也许符合一般规律。但事实上，第一个人后来成为受人敬仰的人，他是富兰克林·罗斯福；而第二个人是法西斯元首阿道夫·希特勒。"

那个男孩呆呆地看着凯莉，有点不相信自己的耳朵。

凯莉接着又说："你的人生才刚刚开始，过去的一切只代表过去，你还拥有现在和将来，只有现在和将来有所作为，才能代表一个人的一生。相信我，人都是会犯错的。你应该走出过去，从现在开始努力做自己想做的事，将来一定成为优秀的人。"

凯莉的话改变了这个男孩的人生和命运。很多年以后，男孩成为了一名优秀的警察。

一个人会怎样成长，很大程度取决于家人和朋友对他所寄托的希望。如果你说孩子会成为一个杀人犯，那么他就会变得冷酷、无情；而如果你说孩子会成为一个伟人，那么他就会变得努力、向上。因此，不要吝啬于你的赏识和鼓励。另外，每个人的一生当中都会犯错，不要因为自己的一时失败和失误而沮丧，丢失了人生的目标。只要肯回头，人生总有出路留给你。或许，等着你的未来是非常美好的。

智慧心语：

人的一生就是这样，先把人生变成一个科学的梦，然后再把梦变成现实。

——法国谚语

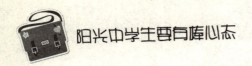

一个关于心态的测试

炎热的夏天，在英国一座大教堂里，牧师正在那里布道。但由于布道时间过长和闷热天气的原因，许多教徒开始昏昏欲睡。

可是，有一位绅士，他看上去却精神抖擞。他腰背挺直，正专注地坐在那里听着牧师讲道。

出了教堂，有人向这位绅士问道："先生，每个人都在打瞌睡，为什么你还能听得那么认真呢？"

绅士微笑着说："老实说，听这样的讲道，我也很想打瞌睡。可我忽然想到，我何不将它用来试炼自己的耐性呢？事实证明，我的耐性非常好。我想，以这种耐心去面对工作中的各种困难，还有什么不能解决呢？"

知道这位绅士是谁吗？他就是后来鼎鼎有名的英国首相格莱斯顿。

有这样一句话：世上没有绝对不好的事情，只有绝对不具好心态的人。试想，一些连自己心态都调整不好的人，他们又怎么能处理好比心态更为复杂的事情呢！

人活在这个世界上，不可能一辈子都是一帆风顺的。或者遇到困难，或者遇到挫折，或者遇到变故，或者遇到不顺心的人和事，这些都是人生旅途中必然经历的事情。然而，有的人遇到这些事情时，或心烦意乱，或痛苦不堪，或萎靡消沉，或悲观失望，甚至失去面对生活的勇气。然而，在生活中，我们要学会用阳光般的心态面对一切逆境。所谓阳光心态，就是一种积极的、向上的、宽容的、开朗的健康心理状态。它会让你开心，它会催你前进，它会让你忘掉劳累和忧虑。

智慧心语：

水果不仅需要阳光，也需要凉夜。寒冷的雨水能使其成熟。人的性格陶冶不仅需要欢乐，也需要考验和困难。

——布莱克

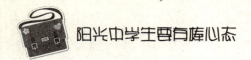

发牢骚，让自己和别人都不快乐

　　这天，戴利放学回到家里，一脸的不高兴。爸爸见状就关切地询问她。她烦恼地说："别提了，都是我们老师偏心。"爸爸有点莫名其妙，孩子经常说这些话，不知道是什么意思。

　　"爸爸，我们老师可讨厌了。"戴利一屁股坐了下来，"下午我在课堂上发了一会儿呆，他就立刻叫我起来回答问题。平时我的手举得再高，他也不会叫我的。"

　　"他那是希望你好好听讲。"爸爸说。

　　"才怪呢，他就是看我不顺眼，处处跟我作对。"戴利一脸委屈，"碰到这样的老师真倒霉。"

　　"老师怎么会看你不顺眼呢，你学习又不差。"

　　"他就是偏心，喜欢那些长得好看的学生。我们班的文艺委员小艾，长得很漂亮，老师非常喜欢她，总叫她起来回答问题。"

　　"老师也是人，有私心也是正常的。但是，他也说不上偏心眼。"

　　戴利越想越气："还有我的同桌，看到老师要点我的名字，她也不提醒我，诚心看我出丑。"

　　"你的同学在听课呢，哪里知道你在发呆啊。"爸爸觉得戴利有点无理取闹，"好了，洗洗手，准备吃饭吧。"

　　饭桌上，戴利看着妈妈端上来的菜，眉头又皱了起来："妈，天天吃这些你不烦啊？"

　　妈妈一听，顿时生气地说："从回到家里到现在，你嘴巴就没停过，衣来伸手，饭来张口，你哪儿来那么多意见？在学校里不仔细听课，还埋怨老师让你丢脸，这都是你的错误。如果你认真听课，就不会被老师批评，也不会被同学嘲笑了。"

　　妈妈没有爸爸好说话，她严厉地批评了戴利。戴利立刻惭愧地低下头。

不管是在学习还是工作上，爱抱怨、喜欢发牢骚的人随处可见。不管是谁，在遇到一些不愉快的事情时，难免会有倾诉的欲望，这时候，很容易把不高兴的事情传播给别人，让别人也一起不开心。这是一种很消极的行为，也不会给任何人带来积极作用，只会消磨我们的斗志，让我们对生活感到失望。所以，要尽量保持积极、快乐的心态，并给他人也带去快乐。

智慧心语：

最爱发牢骚的人就是没有能力反抗，不会或不愿工作的人。

——高尔基

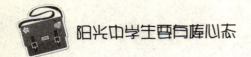

独木桥的走法

弗洛姆是美国一位著名的心理学家。一天，几名学生向他请教：心态对一个人会产生什么样的影响？

他微微一笑，什么也不说，就把学生们带到一间黑暗的房子里。在他的引导下，学生们很快就穿过了这间伸手不见五指的神秘房间。接着，弗洛姆打开房间里的一盏灯，在这昏黄如烛的灯光下，学生们才看清楚房间的布置，不禁吓出了一身冷汗。原来，这间房子的中间有一个很深很大的水池，池子里蠕动着各种毒蛇，包括一条大蟒蛇和三条眼镜蛇，有好几条毒蛇正高高地昂着头，朝他们"滋滋"地吐着信子。就在这蛇池的上方，搭着一座很窄的木桥，他们刚才就是从这座木桥上走过来的。

弗洛姆看着学生们，问："现在，你们还愿意再次走过这座桥吗？"大家你看看我，我看看你，都不作声。

过了片刻，终于有3个学生犹犹豫豫地站了出来。其中一个学生一上去，就异常小心地挪动着双脚，速度比第一次慢了好多倍；另一个学生战战兢兢地踩在小木桥上，身子不由自主地颤抖着，才走到一半，就挺不住了；第三个学生干脆弯下身来，慢慢地趴在小桥上爬了过去。

"啪！"弗洛姆又打开了房内另外几盏灯，强烈的灯光一下子把整个房间照耀得如同白昼。学生们揉揉眼睛再仔细看，才发现在小木桥的下方装着一道安全网，只是因为网线的颜色极暗淡，他们刚才都没有看出来。

弗洛姆大声地问："你们当中还有谁愿意现在就通过这座小桥？"

学生们没有作声。

"你们为什么不愿意呢？"弗洛姆问道。

"这张安全网的质量可靠吗？"学生心有余悸地反问。

弗洛姆笑了："我可以解答你们的疑问了。这座桥本来不难走，可是桥下的毒蛇对你们造成了心理威慑，于是，你们就失去了平静的心态，乱了方寸，慌了手脚，表现出各种程度的胆怯——心态对行为当然是有影响的啊。"

人生又何尝不是如此呢？在面对各种挑战时，也许失败的原因不是因为你势单力薄，不是因为你智能低下，也不是你没有把整个局势分析透彻，反而是你把困难看得太清楚、分析得太透彻、考虑得太详尽，才会被困难吓倒，举步维艰。倒是那些没把困难完全看清楚的人，更能够勇往直前。

如果我们在通过人生的独木桥时，能够忘记背景，忽略险恶，专心走好自己脚下的路，我们也许能更快地到达目的地。

智慧心语：

心态若改变，态度跟着改变；态度改变，习惯跟着改变；习惯改变，性格跟着改变；性格改变，人生就跟着改变。

——马斯洛

19

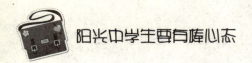

心态法则　墨菲定律：
失败不可怕，可怕的是你的态度

你有没有这样的经历：不带伞时，偏偏天下了雨，带了伞，偏偏天不下雨；难得休息一会儿，就有事情找上门来；你不想见到某人，跟某人相遇的机会就增加？

人们总是相信概率，认为小概率事件不会发生，但是"墨菲定律"告诉我们：如果坏事情有可能发生，不管这种可能性多么小，它总会发生，并引起最大可能的损失。

"墨菲定律"产生于美国。事情发生在1949年，一位名叫爱德华·墨菲的空军上尉工程师，认为他那负责装配仪器的同事是倒霉蛋，于是，不经意说了句玩笑话："如果有件事情可能被弄糟，那你肯定就会把它弄糟。"

果不其然，这位同事在一项检测人体对加速的承受能力实验中，把一套16件"加速表"统统都装错了，验证了墨菲的这句玩笑话。

短短几个月内，这件事和这句笑话迅速在空军内部广泛流传，随后在美国迅速流传，并扩散到世界各地。在流传扩散的过程中，这句笑话逐渐失去它原有的局限性，演变成各种各样的形式，其中一个最通行的形式是："如果坏事有可能发生，不管这种可能性多么小，它总会发生，并引起最大可能的损失。"

1958年，"墨菲定律"的条目被收入《韦氏大字典》。

这样一个令人"尴尬"的定律，从诞生之日起就困扰着人们。它提醒我们：我们解决问题的手段越高明，我们将要面临的麻烦就越严重。事故照旧还会发生，并永远会发生。

那么，墨菲定律给了我们什么启示呢？

＊别妄自尊大

墨菲定律告诉我们，容易犯错误是人类与生俱来的弱点，不论科技多发达，事故都会发生。而且我们解决问题的手段越高明，面临的麻烦就越

严重。所以，我们在做事前应该尽可能想得周到、全面一些。如果真的发生不幸或者损失，就笑着应对吧。关键在于总结所犯的错误，而不是企图掩盖它。

2003 年，美国"哥伦比亚"号航天飞机即将返回地面时，在美国得克萨斯州中部地区上空解体，机上 6 名美国宇航员以及首位进入太空的以色列宇航员拉蒙全部遇难。"哥伦比亚"号航天飞机失事也印证了墨菲定律。事实上，复杂的航天技术发生事故在所难免，人们不能因此而否定航天事业。通常来说，一次事故之后，人们总是要积极寻找事故原因，以防止下一次事故发生，这是人的一般理性。否则，倘若从此放弃航天事业，或者听任下一次事故再次发生，这都不是一个国家能够接受的结果。

人永远也不可能成为上帝，当你妄自尊大时，"墨菲定律"会叫你知道厉害；相反，如果你承认自己的无知，"墨菲定律"会帮助你变得更严谨。

墨菲定律的发生正是概率在起作用，正所谓人算不如天算，例如，灾祸发生的概率虽然也很小，但累积到一定程度，也会从最薄弱环节爆发。所以，关键是要平时清扫死角，消除不安隐患，降低事故概率。切莫妄自尊大，盲目自信。

✳ 积极地面对失败

墨菲定律还可以引申为——任何你觉得有可能失败的事，它就会失败。太多的人在一次两次的失败后退缩，这些人也就离成功越来越远，只有真正的强者才能笑到最后，这就是为什么成功者远远少于失败者的原因。

卡莱尔在写作《法国革命史》时，遭遇了极大的不幸。他将经过多年艰辛创作出的文稿交给了最可靠的朋友米尔，想让米尔提一些中肯的意见。他在将手稿交付给朋友的时候，心底划过一丝忧虑，生怕朋友保管不好手稿。可是转念一想，米尔是个很可靠的人，应该不会出什么问题。

然而谁都没想到的是，一天，米尔在家里看稿子的时候，碰巧有事离开，顺手把稿子放在了地板上。米尔家的女仆以为这是废纸，用来生火了。卡莱尔呕心沥血创作出的手稿，在即将出版的前一刻，竟然因为意外而化为了灰烬。更令卡莱尔沮丧的是，他根本没保留底稿，甚至连笔记和草稿都扔掉了。这就意味着卡莱尔数载的努力化为了零，对他来说，这无疑是一次毁灭性的打击。但卡莱尔没有绝望，他说："这就像是我把作业交给了老师，老师不满意，让我完全重做，那我就尽力做得更好吧！"不久之后，他又开始了创作，重新查资料、记笔记，把这个庞大的"作业"又做了一遍。

墨菲定律就是这样，你害怕什么就会来什么。失败是这个世界的一部分，与失败共生的是人类不得不接受的命运。只有提高自己的"复原力"，人们才能不断战胜失败的痛苦，取得成功。

＊做到心中有数，才能防微杜渐

根据墨菲定律，如果我们能在做任何事之前做好万全准备，就能有效地避免坏事发生。同时，我们也可以通过了解墨菲定律，增强自己面对挫折的复原力。毕竟，有些事情说来就来。墨菲定律还给我们带来许多启示，只有做到对这些知识心中有数，才可能在生活中防微杜渐：

1. 凡事必有其因果，不要归咎于运气不好。

当我们遇到失败和挫折的时候，应该冷静地分析得失，找到真正的原因和解决问题的方法，而不是怨天忧人。只要找到解决问题的正确方向、方法，持之以恒做下去，善于借助团队的力量，你就一定可以成功。

2. 要关注细节，不放过任何小过失。

容易犯错往往是源于我们的大意，千里之堤，毁于蚁穴，不要因为是个小错误就疏于防范，对细节的疏忽可能会给我们带来最严厉的惩罚。

有这样一个故事：一个负责加工马蹄铁钉的铁匠身体不舒服，就马虎地打了一只不合格的马钉。这根马钉恰由另一个不负责任的马工装在了元帅的马蹄上。在决定性的战场上，由于马钉脱落，马蹄不舒服，在奔跑时突然跪倒，元帅翻身落马被杀。群龙无首的军队顿作鸟兽散，敌军一举攻城，活捉了皇帝，灭了帝国。小小的一颗马蹄钉居然毁灭了一个帝国。

3. 要重视心理暗示的作用。

有些人在遇到失败和挫折时，常会自我埋怨，说"在此之前就有不好的预感"之类的话，其实这就是一种消极的心理暗示。如果做事前没有信心，总是给自己消极的心理暗示，做起事来就会战战兢兢，越怕出错就越会出错，最后导致失败。

反之，人们在追求成功时，设想目标实现时激动人心的情景。那么，这个美好的愿景就会对人构成一种积极向上心理暗示，它为我们提供源源不断的动力。所以，我们要善于利用积极的心理暗示，来消除墨菲定律的消极作用。

4.要善于做好危机管理，防患于未然。

在人生的旅程中会有各种意想不到的事故出现，虽然我们不知道这意外具体是什么，会在何时来临，但是，只要我们能够防患于未然，做好事前防范工作，预先制定好紧急事件处理机制，当危机到来就不至于措手不及。

墨菲定律是客观存在的，弱者把它当做回天无力的借口，而强者则把它当成提醒自己随时保持警惕的警钟。面对大自然的高深莫测，面对人类对世界认知的局限，如果我们能事事想得更周到、更全面，采取多种预防措施，就能将灾难和损失的发生降到最低。墨菲定律并不可怕，只要我们能够科学理解，积极对待，我们就一定能够消除它带来的负面影响，始终保持快乐成功的心态！

2 笑看人生，用乐观驾驭悲观

人人寻找快乐园
无拘无束的乐园
不需慌张
忘了所有的烦恼
人人向往快乐园
制造美梦的乐园
没有悲伤
只有满园的芳香

——《乐园》与非门乐队

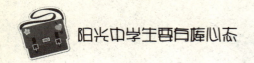

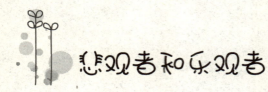

悲观者和乐观者

曾经有两个囚犯，他们在狱中百无聊赖，每天只能从一个很小的窗口向外看，这成了他们的全部生活。一天，他们互问："你在看什么？"

一个囚犯说："我在看外面每到白天便下起小雨，整个世界灰暗而泥泞。"

另一个人则说："哦，我每天等着雨过天晴，想象夕阳在天边恋恋不舍，然后带来彩霞满天，之后天空现出点点星光，那真是绝妙的美景。"

一个看到的是满眼泥泞，一个看到的是万点星光。这就是悲观者与乐观者的区别。

或许，悲观失望者一时的呻吟与哀号能得到别人短暂的同情与怜悯，但最终的结果是受到别人的鄙夷与厌烦；而乐观上进的人，经过长久的忍耐与奋争、努力与开拓，最终赢得的不仅仅是鲜花与掌声，还有来自他人的敬意。

这说明积极、乐观的态度，将帮助你充分地释放旺盛的生命力，并帮你打开一扇成功之门。

2 乐看人生，用乐观驾驭悲观

心态决定人生是否幸福。在人生中，幸与不幸之间仅有毫厘之差，这毫厘之差往往取决于心态的差别。面对同样的遭遇，悲观者持一种失望的灰色心态，看到的自然是满目苍凉、了无生气；而乐观者持一种积极的红色心态，看到的自然是星光万点、一片美景。

智慧心语：

生活于愿望之中而没有希望，是人生最大的悲哀。

——但丁

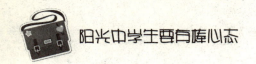

寂寞是一种财富

大画家齐白石说："画者，寂寞之。"这是他一生恪守的信条和成功的秘诀。他在 1920 年到 1929 年之间，以超出常人的意志和精力潜心研究，欲摸索出适应自己气质的艺术道路。

他誓言："余作画数十年，未称己意，从此决定大变，不欲人知，即饿死京华，公等勿怜，乃余或可自问快心时也。"同期，齐白石也在治印上下过死功夫。他在记载自己刻苦治印时有这样一段话："余学刊印，刊后复磨，磨后又刊。客室成泥，欲就下移于东复移于西，移于八方，通室必成池底。"

在这 10 年的时间里，齐白石作画万余幅，刻印 3000 多枚，他自甘寂寞，勤奋刻苦，终于穿越作品的海洋冲进了艺术的自由王国。他常对朋友们说："一天不画画心慌，五天不刻印手痒。"

大家都称齐白石是乡土画家，因为他用深情的笔，勾画出温馨简朴的生活画面。但大家常常忽略的是，他给一向高雅的文人们画注入了新精神：劳动者的精神。

白石老人，在寂寞的道路上不懈追求自己的理想，成就了一生的大事业。

齐白石把寂寞作为种财富，坚守寂寞之道，在人生的道路上创造出非凡的成就。

"人生不如意十之八九。"即使是一个十分幸运的人，在他的一生中也总有一段或几段时期处于十分艰难的情况之中。此时，回过头来看一个人是否成功，我们不能看他成功的时候或开心的时候怎么过，而要看其在不顺利的时候、在没有鲜花和掌声的落寞日子里怎么过。反过来说，往往是寂寞成就了一个人。

智慧心语：

越伟大、越有独创精神的人越喜欢孤独。

——赫胥黎

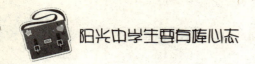
压力减一点，快乐增一点

　　有竞争就有压力，无论在竞争中获得成功还是遭受失败，人人都要承受压力。从某种意义上来说，成功者责任重大、精神紧张，所承担的压力可能更大；而对那些与世无争、知足常乐者来说，压力也会自动找上门来。

　　一次，一位老师向他的学生讲述如何正确对待压力。

　　他举起一杯水，问道："这杯水有多重？"同学们回答各异，从20克到500克的猜测不等。

　　"其实，具体有多重并不是关键，关键在于你举杯的时间。如果你举了一分钟，即便杯子重500克也不是问题；如果你举杯一个小时，20克的杯子也会让你手臂酸痛；如果举杯一天，恐怕就需叫救护车了。同一个杯子，举的时间越长，它会变得越重。"

　　同学们听后若有所思，教室里陷入了沉默。

　　老师接着说："倘若我们总是将压力扛在肩上，压力就像水杯一样，会变得越来越重。早晚有一天，我们将不堪其重。正确的做法是，放下水杯，压力减一点，休息一下，以便再次举起它。"

　　是啊，生活、学习、情感等诸多压力也需常常放下，只有这样，快乐也会越来越自然地回到你的脸上。

心灵的房间，不打扫就会落满灰尘。我们每天都要经历很多事情，开心的，不开心的，都在心里安家落户。心里的事情一多，行为往往会变得杂乱无序。所以，扫地除尘，把一些无谓的压力扔掉，快乐在心里就有了更大的空间。

智慧心语：

艺术的大道上荆棘丛生，这也是好事，常人望而却步，只有意志坚强的人例外。

——雨果

31

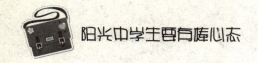

寂寞伴你度过黑暗

陈景润是我国著名的数学家。1957年，他被调到中国科学院数学研究所工作。中科院作为他人生新的起点，令他更加刻苦钻研。在不足6平方米的小房子里，不管是酷暑还是严冬，陈景润都不畏寂寞，潜心钻研，那时他用的计算草稿纸就足足装了几麻袋。

功夫不负有心人。1965年5月，陈景润发表了论文《大偶数表示一个素数及一个不超过2个素数的乘积之和》。

这篇论文，受到世界数学界和著名数学家的高度重视和称赞，英国数学家哈伯斯坦和德国数学家黎希特把陈景润的论文写进数学书中，称其为"陈氏定理"。

可是这位世界数学领域的精英，在日常生活中却不知商品分类，有的商品名字他都叫不出来，他也因此被称为"痴人"和"怪人"。

"痴"，"怪"，这不正是陈景润在成功道路上与寂寞为伴的真实写照吗？

人生苦难时，要学会与寂寞做伴。寂寞是一种难得的感觉，只有在拥有寂寞时，你才能静下心来悉心梳理自己烦乱的思绪；只有在拥有寂寞时，你才能让自己成熟。

寂寞是人生的最高心境，与寂寞相伴我们才能沉思，才能与自己对话，才能发掘我们的最大智慧。

人总是会遇到挫折的时候，总是会有低潮的时候，人总是会有不被人理解的时候，总是有要低声下气的时候，即便是那些在普通人看来风光无限的人也是如此。而这些时候恰恰是人生最关键的时候，你能过这个门槛，你就成功了，你就是那风光无限的人。你没能过去，你就是那平庸无奇的人。

智慧心语：

一个人如果认为自己在一生中能干出一番不同寻常的大事，就比没有远大理想的可怜虫有着更多的成功机会。

——伯纳德·马拉默德

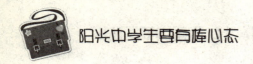

内向的你要学会摆脱忧郁

晓红是一个性格内向的姑娘，平日里就沉默寡言。最近一段时间更是变得闷闷不乐，春天来了，班级组织了一次春游活动，同学们都很开心。一开始，晓红也很高兴，后来突然板起脸，不再跟同学说话。

自春游之后，晓红越来越不喜欢与同学们在一起，并且更加不爱说话，即使在家也是如此。

由于她一向比较文静，周围人都没有注意到她的不寻常。可过了一段时间，爸爸妈妈发现晓红经常一个人呆坐流眼泪。爸爸妈妈问她发生了什么事，她也不作声。家人对这种情况深感着急，可是怎么也无法让晓红畅所欲言。

妈妈没有办法，只好带晓红去看心理医生了。在医生的诱导下，晓红才小声地说出了自己的担忧。原来，那天春游的时候，晓红开始很开心，虽然她性格比较内向，但是她很喜欢到大自然中去。但是，到下午准备回家的时候，她突然很伤感，觉得人生有春天就会有秋天，生活就这样消逝，而自己周围的人也总有一天如同春天一样消失。就这样，晓红一直沉浸在伤感的情绪中出不来，所以很痛苦。

听到这里，妈妈才稍微放下心来，她以为晓红遭遇了难以解决的事情，才因此变得忧郁。心理医生给晓红进行多次诊治，才把她从虚幻的悲观情绪当中带出来，让她相信人生是美好的。

性格内向的人，由于不善于与人交流，经常封闭自己，遇到什么事情也不会寻求帮助，将问题积压在心里，自然很难开心起来。

一个人如果长期沉浸在痛苦忧郁之中，就很难感受到生活的快乐。而且忧郁的人很难和大家走在一起，往往形单影只，自信心会逐渐降低，变得敏感多疑。这类人如果不及时解决心里的问题，让自己快乐起来，和大家融为一体，将会越来越离群，性格也会向消极方向发展。

智慧心语：

忧伤无非是低落的热情。

——纪德

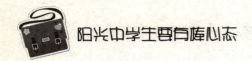

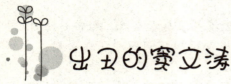

出丑的窦文涛

有一个男孩，他不但性格腼腆，而且有轻度口吃。面对陌生人，他的脸总会窘得像一块红布，说话更像蹦豆似的一个字一个字地往外吐。后来，他考上了初中，通过不懈地努力，口吃的毛病渐渐得到了克服，但他仍然一说话就脸红。

读初二那年，学校举办一场演讲比赛，兼任语文老师的校长鼓励他报名参加。他当然不敢。校长却亲切地对他说："你虽然不是能说会道的学生，但你朗诵课文不错，你要对自己有信心。"在这种鼓励下，男孩报了名。接下来，他开始了认真而艰苦的准备工作，写演讲稿，然后便是紧张而拼命地背。在家里，他让爸爸妈妈随便挑出每个自然段的头一个字告诉他，他立刻就能把那一整段都背出来。

他哪里知道，即使对演讲内容相当熟悉，但比赛那天他还是出了丑。当时，面对台下黑压压的人群，他的腿不停地哆嗦，他强迫自己以背诵的方式假装演讲。当他背第一自然段的时候，脑子里就想着第二自然段。可他背完第二自然段时，却怎么也想不起来第三个自然段的第一个字是什么了！

他大脑一片空白，足足停顿了一分钟。面对着台下无数双因失去耐心而喷火的眼睛，他既紧张又害怕。忽然间，他感觉裤裆一片湿热，天哪，他竟然吓得尿了裤子！他在全校师生众目睽睽之下，用双手把脸一捂，怀着屈辱哭着跑下台。

这一次出丑，让他迅速成了学校里的"明星"。第二天，他怎么也不敢上学，还是在家长劝说、老师做工作的情况下，才低着头走进校门。走在校园里，他觉得所有人都在看他，所有人都在谈论他的丑事，他那时几乎要崩溃了！

校长显然也看到了这些，他明白这一次出丑对一个十几岁的孩子意味着什么。校长找到男孩，安慰他道："你不要害羞紧张，更不要怕出丑，

哪里跌倒就从哪里爬起来，我推荐你去区里参加比赛。你对自己有没有信心？"

男孩心想，还有什么比上台尿裤子更丢人现眼的？反正都这样了，还有什么可害羞的？于是，他答应了校长的安排。

这次出丑经历让男孩刻骨铭心。"连在台上尿裤子的丑都已经出了，还有什么不能豁出去的呢？"没有了心理负担的他轻松了很多，成了校园里的活跃分子，凡是有出头露面的机会他都不会放过。

后来他考取了武汉大学新闻系。毕业后，他辗转来到凤凰卫视，成了家喻户晓的"凤凰名嘴"。他就是窦文涛。是什么力量让一个害羞、腼腆的人成为以说话、做节目为职业的主持人呢？

谈及这个问题，窦文涛道出"秘诀"："只是要改变心理状态，要有胆量去练、去出丑。不要害羞，要珍惜每一次当众说话、表演的机会，让自己积累挫折、积累出丑的经验，这样才能放下诸如脸面、虚荣心之类的东西。要知道，你今天在 10 个人前面出一回丑，将来你会在 10 万人面前挣回大面子！"

害羞就是缺乏自信。其实，你只要正确认识自己，能全面地看待他人和自己，就会感觉自己并不差，而是可能感觉自身状态不佳或太在乎他人的看法。因而，多给自己鼓励，要相信自己，只要你克服害羞心理，树立自信心，就能做自己幸福的缔造者。

 智慧心语：

先相信自己，然后别人才会相信你。

——罗曼·罗兰

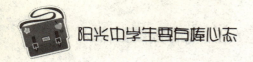

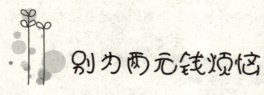
别为两元钱烦恼

　　罗森在一家夜总会里吹萨克斯，收入虽然不高，却总是乐呵呵的，对什么事都表现出乐观的态度。他常说："太阳落了，还会升起来，太阳升起来，也会落下去，这就是生活。"

　　罗森很爱车，但是凭他的收入想买车是不可能的。与朋友们在一起的时候，他总是说："要是有一部车该多好啊！"他的眼中充满了无限向往。有人逗他说："你去买彩票吧，中了奖就有车了！"

　　于是，他买了两块钱的彩票。可能是上天优待于他，罗森竟然中了个大奖。

　　罗森终于如愿以偿，他用奖金买了一辆车，整天开着车兜风，夜总会也去得少了。人们经常看见他吹着口哨在林荫道上行驶，他的车也总是被擦得一尘不染。

　　然而，有一天，罗森把车泊在楼下，半小时后下楼时，他发现车被盗了。

　　朋友们得知消息，想到罗森爱车如命，都担心他受不了这个打击，便相约来安慰他："罗森，车丢了，你千万不要太悲伤啊！"

　　罗森大笑起来，说道："嘿，我为什么要悲伤啊？"

　　朋友们疑惑地互相望着。

　　"如果你们谁不小心丢了两块钱，会悲伤吗？"罗森接着说。

　　"当然不会！"有人说。

　　"是啊，我丢的就是两块钱啊！"罗森笑道。

罗森通过两元钱赢得一辆汽车，却不小心将车丢掉了。他并没有因为这件事而苦恼，相反却表现淡然。罗森对待生活的态度值得我们学习。在生活中，我们常常遇到这样的问题：在即将成功之时，功亏一篑，就因此自暴自弃，这实在是没有必要。如果你乐观看待这件事情，打起精神寻找下一次机会，成功或许离你就不远了。

智慧心语：

我可以拿走人的任何东西，但有一样东西不行，这就是在特定环境下选择自己的生活态度的自由。

——弗兰克

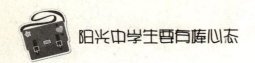

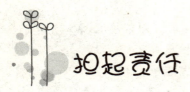

担起责任

　　富斯特是一个演讲家，他每到一处发表演讲，事先都要工作人员先把演讲材料发给听众。然而，很多时候，工作人员不是没有把演讲材料按准确的时间邮到听众手中，就是没有及时地在演讲大厅把演讲材料发放到听众手里。有时候，富斯特都已经进场了，工作人员才慌乱地发材料，造成现场秩序的混乱，给他的演讲带来一定的困难。

　　他的前一次演讲就发生了意外的情况。他的演讲地点是在当地政府礼堂，他提前两天给当地的工作秘书打电话，问是否收到了自己的演讲材料，对方说并没有收到演讲材料。于是，富斯特给负责发送材料的秘书苏珊打电话。苏珊回答说："别着急，我在6天前已经把东西送出去了。"

　　"但他们还没有收到材料，你为什么不及时确认一下，"他问。

　　"我是让联邦快递送的，他们保证两天后到达。"苏珊说。可是，结果还是发生了意外。

　　富斯特因为这件事，就把苏珊辞掉了。这一次，他要到芝加哥的一个大学演讲，这同样是一次很重要的活动，不能发生任何意外。于是，他就接通了新秘书艾米的电话，问："材料到了吗？"

　　"到了，艾丽西亚（芝加哥方面的负责人）3天前就拿到了。"她说，"但我给她打电话时，她告诉我听众有可能会比原来预计的多400人。不过别着急，她把多出来的也准备好了。事实上，她对具体会多出多少也没有清楚的预计，因为允许有些人临时到场再登记入场，所以，我怕400份不够，为保险起见寄了600份。还有，她问我，你是否需要在演讲开始前让听众手上有资料。我告诉她你通常是这样的，但这次是一个新的演讲，所以我也不能确定。这样，她决定在演讲前发资料，除非你明确告诉她不这样做。我有她的电话，如果你还有别的要求，今天晚上可以找到她。"

　　艾米的一番话，让富斯特彻底放下心来。

　　艾米对自己的言行是负责的，她把东西邮寄出后，一直等到出结果。

像她这样做事的人，哪个领导不渴望雇她为自己工作呢？

任何一个人都应该对自己的言行负责，这是做人的基本准则，也是一个人起码的道德准则。对自己的言行负责，同时也可以促使自己进行自律，把自己所负责的事情做好。所以，很多人都认为对自己的言行负责是成功的秘诀。

智慧心语：

每一个人都应该有这样的信心：人所能负的责任，我必能负；人所不能负的责任，我亦能负。如此，你才能磨炼自己，求得更高的知识而进入更高的境界。

——林肯

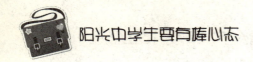

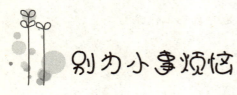

别为小事烦恼

世事繁杂，生活中我们常会遇到不如意的事。从伟人到芸芸众生，无不是如此。

"二战"后，一位名叫罗伯特·摩尔的美国人在他的回忆录里写下了这样一件事："那是1945年3月的一天，我和我的战友在太平洋海下的潜水艇里执行任务。忽然，我们从雷达上发现一支日军舰队朝我们开来。他们发射了几枚鱼雷，但没有击中我们的任何一艘舰艇。但是，日军还是发现了我们，一艘布雷舰直朝我们开过来。几分钟后，6枚深水炸弹在我们潜水艇的四周炸开，把我们直压到海底280英尺的地方。尽管如此，疯狂的日军仍不肯罢休，他们不停地投下深水炸弹，整整持续15个小时。在这个过程中，有十几枚炸弹就在离我们几十英尺左右的地方爆炸。倘若再近一点的话，我们的潜艇一定会炸出一个洞来，我们也就永远葬身太平洋了。

当时，我和所有的战友一样，静躺在自己的床上，保持镇定。我甚至吓得不知如何呼吸了，脑子里仿佛蹿出一个魔鬼，它不停地对我说：这下死定了，这下死定了……因为关闭了制冷系统，潜水艇内的温度达到摄氏40多度，可是我却害怕得全身发冷，一阵阵冒虚汗。15个小时后，攻击停止了，那艘布雷舰在用光了所有的炸弹后开走了。

我感觉这15个小时好像有15年那么长。我过去的生活一一浮现在眼前，那些曾经让我烦忧过的无聊小事更是清晰地浮现在我的脑海中——爸爸把那个不错的闹钟给了哥哥而没给我，我因此几天不跟爸爸说话；结婚后，我没钱买汽车，没钱给妻子买好衣服，我们经常为了一点芝麻小事吵架……

可是，这些令人发愁的事，在深水炸弹威胁我的生命时，都显得那么荒谬、渺小。当时，我就对自己发誓，如果我还有机会再重见天日的话，我将永远不会再计较这些小事了！"

我们在经历有些事时总也想不通，直到生命快到尽头时才恍然大悟。如果上帝不再给我们一次机会，那岂不是永远的遗憾！

　　如果你每天呐喊几十遍"我用不着为这点小事而烦恼"，你会发现心里有一种不可思议的力量涌了出来。人类的烦恼百分之五十是日常的小事，百分之二十是杞人忧天，百分之十二是事实上并不存在的，剩下的百分之十八则是既成的事，再担心烦恼也没用。

　　对于我们来说，生命太短暂了，不要让小事绊住我们前进的脚步，不要让琐碎的烦恼浪费我们宝贵的时光。在我们一生中，应当把每个日子都过得充实而有意义。

智慧心语：

为小事生气的人，生命是短暂的。

——迪斯雷利

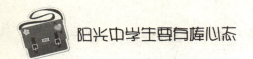

对自己的言行负责

乔治从小就是一个懒惰的家伙，他不爱读书，整天抱着足球乱跑，特别淘气。等他长大了，父母为他没有一份安稳的工作而发愁，整天教训他，告诉他不要每天在街上流浪。有一次，当地的小火车站贴出消息招聘火车工作人员，条件是：年轻人，男性，力气大。

乔治看到这个消息后很高兴，因为他过够了每天在街上流浪的日子，他也想有一份体面的工作、稳定的收入，然后就可以娶走他梦想已久的姑娘了。乔治在第一时间就报了名。火车站长看到乔治高高大大，认为他是一块好料，能够帮助列车长干活，就接收了他。乔治的家人听到乔治找到工作这个消息以后，特别高兴，还请亲戚朋友吃了一顿饭庆贺。

乔治来到火车站工作的前几天，干活又快又好，受到了站长的好评。但是在一次员工选拔大会中，列车长的弟弟被选去做更加轻松的工作了，而被大家公认为好列车员的乔治却被冷落在一边，这让乔治心里特别不舒服。

在以后的工作中，乔治有意无意地就和列车长作对。列车长也看出乔治内心的不满，但是他根本不在乎，而是想：一个流浪汉（乔治）有一份工作就不错了，还想升职的事，真可笑！

有一次，火车正在运行的时候，天突然下起了倾盆大雨，密集的雨水挡住了前面的路，前方能见度非常低。火车显然晚点了，火车机箱也出了问题。可是，后面的车就要来了。列车长紧急调来工作人员，又向乔治招手大喊："乔治，快到车尾去！点起红灯。"

"我还有其他的事。"乔治本能地反抗。

"快点，我让你去你就快去，服从命令！"

"好吧。"乔治不紧不慢地走向车尾，心里还想："凭什么向我这样大喊大叫？当个列车长就了不起了？"当他来到车尾不情愿地拿起红灯时，后面的火车已经过来了。他马上点起红灯，并招手大叫，可是已经晚了，后面的火车向前面的火车撞了过来。

乔治如果能够抱着一种对自己的言行负责的态度，那么就不会酿成如此大祸。不要把个人恩怨也带入情绪中来，答应别人的事就要积极地去做，而且要做好。一个对自己的言行负责的人，越能很好地承担起自己的责任，其个人和社会价值就越大。

智慧心语：

人生须知负责任的苦处，才能知道尽责任的乐趣。

——梁启超

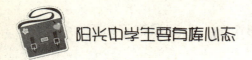

智者不会斤斤计较

在意大利的卡塔尼山有一块墓碑，碑文记述了一位名叫布鲁克的人被老虎吃掉的事情。由于卡塔尼山就在柏拉图游历讲学的叙拉古郊外，所以，很多考古学家认为，这块墓碑可能是柏拉图和他的学生们为这个名为布鲁克的人所立。

碑文记述的故事是这样的：

一天，布鲁克去叙拉古游学，途经卡塔尼山时发现了一只老虎。进城后，他就对人说：卡塔尼山上有一只老虎。可是，城里没有人相信他。因为在卡塔尼山，从来就没有人见过老虎。但是，布鲁克却坚持说自己看到了老虎，并且说那是一只非常大、非常凶猛的老虎。

可是无论他怎么解释，始终没人相信他。布鲁克没办法，只好对人们说："那好吧，你们跟着我去卡塔尼山，如果见到了真正的虎，你们总该相信了吧！"于是，柏拉图的几个学生跟他上了山。但是，当他们在山上转了一圈后，却连老虎的一根毛都没有发现，人们便更加怀疑布鲁克说的话了。布鲁克对天发誓，说他确实见到了一只老虎。这时有人说，布鲁克的眼睛肯定被魔鬼蒙住了。人们劝他说："你还是不要说见到老虎了，不然城邦里的人会说，叙拉古来了一个撒谎的人。"

布鲁克很生气地回答："我怎么会是一个撒谎的人呢，我真的见到了一只老虎。"在接下来的日子里，布鲁克为了证明自己的诚实，逢人便说他没有撒谎，他确实见到了老虎。可是说到最后，人们不仅见了他就躲，而且背地里都叫他疯子。

布鲁克来叙拉古游学，本来是想成为一位有学问的人，现在却被人认为是一个疯子和撒谎者，这实在让他不能忍受。为了证明自己确实见到了老虎，布鲁克特意去买了一支猎枪来到卡塔尼山。他要找到那只老虎，并把那只老虎打死，让全城的人看看，自己并没有说谎。

可是这一去，他就再也没有回来。三天后，人们在山中发现一堆破碎

的衣服和布鲁克的一只脚。经城邦法官验证，他是被一只重量至少500磅的老虎吃掉的。布鲁克在这座山上确实见到过一只老虎，他真的没有撒谎。布鲁克在这场争论中取得了胜利，不过代价却是他失去了宝贵的生命。

放弃凡事一定要争个明白的念头吧，真正的智者从不会为小事斤斤计较，他们总是坚持走自己的路，不管别人怎样评说。时间，最后总会证明智者是正确的。

急于证明自己的清白而为一些小事一争到底的人是愚蠢的。这样做只会影响自己的形象，惹人耻笑。如果你能更大度一点，对无关紧要的小事一笑置之，那么你一定会赢得更多人的尊敬。

智慧心语：

智慧的艺术，就是懂得该宽容什么的艺术。

——威廉·詹姆斯

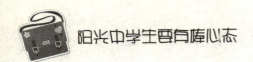

心态法则 鸟笼逻辑：
不做别人满意的自己

什么是惯性思维？

甲："只要我送你一个鸟笼，你把它挂在家中最显眼的地方。我敢担保，你撑不了多久就会去买只鸟来，养在里面。"

乙："那我们就来打这个赌吧。我铁定只挂笼子，不养鸟！"

于是，一个不装鸟的鸟笼高悬在乙的家中……

丙："乙，你那笼子里的鸟什么时候死了？为什么死了啊？"

乙："……"

丁："乙，真不幸，鸟都死了，还挂着笼子纪念它？它什么时候死的啊？"

乙："……"

当第三个人准备问相同的问题时，乙受不了了，决定去买只鸟回来，让大家顺理成章地接受他们所理解的"正常情况"。

甲之所以会获胜，是因为他了解人们的惯性思维。这就是著名的"鸟笼逻辑"。

一个人被别人用惯性思维所误解，并且最终屈服于强大的惯性思维，这种情况在生活中并不少见：在灯泡产生之前，人们绝对想不到可以不用煤油就可以照明，所以当电灯产生的时候，质疑远比称赞要多；飞机产生之前，人们想不到有一天自己也可以像鸟一样在天空中飞翔，所以当第一架飞机上天的时候，遭到了不少人的猜疑。

然而并不一定每一个漂亮的鸟笼里都应该装上一只鸟，可惜的是人们总是逃不出这个逻辑的局限。

海阔凭鱼跃，天高任鸟飞。不要限制你的思维，更不要在传统目光的审视下止步不前。敢于挂出一只空鸟笼并能够自然地坚持下去的人，是有

创见、有魄力的人。

我们应该少用"鸟笼逻辑"去推断别人，也不要墨守成规、顽固不化，把自己装进"鸟笼"里。那么，我们要如何打破鸟笼逻辑呢？

＊ 打破"鸟笼"，做最好的自己

突破习惯思维，才能获得进步。人要有逻辑思维，不要受惯性驱使。我们应该少用"鸟笼逻辑"去推断别人，也要避免使自己陷于"鸟笼逻辑"中，成为一个墨守成规、顽固不化的人。

1990 年，还在北京外国语大学英语系读大四的杨澜，在一次央视公开招聘中，从众多的应聘者中脱颖而出，成为《正大综艺》的主持人。1993年年底，正大集团总裁谢国民来到北京，他认为杨澜是一个很有潜力的人，应该去国外学习一段时间，以提高自己的能力，并表示愿意无偿赞助她去美国留学。

谢国民的几句话，又一次改变了杨澜的命运。1994 年，杨澜辞去央视的工作，选择了留学之路。在美国留学期间，她利用业余时间与上海东方电视台联合制作了《杨澜视线》。杨澜第一次以独立的眼光看待并介绍世界。凭借 40 集的《杨澜视线》，杨澜成功地从娱乐节目主持人过渡到复合型传媒人才。

1997 年回国后，杨澜加盟了刚刚创办不久的香港凤凰卫视中文台。1998 年 1 月，《杨澜工作室》在凤凰卫视正式开播。两年的名人采访经历，让杨澜产生了质的变化，她已经拥有了世界级的知名度、多年的传媒工作经验以及重量级的名人关系资源。然而此时，杨澜又一次在光环中退出，选择了开始新的生活。

2000 年 9 月，她收购了香港良记集团，并将其更名为阳光文化网络电视控股有限公司。可惜就在杨澜刚刚创业后不久，便遇到全球经济不景气。在杨澜的带领下，公司削减成本，锐意改革，终于在 2003 年转亏为盈。不久，阳光文化正式更名为阳光体育，走上了新的发展历程。可是又一次获得成

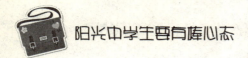

功的杨澜再次选择了退出，辞去了董事局主席的职务，表示将全身心地投入文化电视节目的制作。

从当初上《正大综艺》，接着去美国留学，之后又转战香港凤凰卫视，开辟阳光卫视，到现在和湖南卫视合作，杨澜作出了太多让人们想不到、不理解的选择。面对荣耀和掌声，她能够勇敢地走出漂亮的鸟笼限制，不能不说，她有着非凡的胆识与勇气。

人生就是这样，不要活在别人的限制里，只有让自己冲出传统、习俗，乃至于价值观的束缚，才能够自由翱翔。

✻ 创新方法，解决难题

一些创新、改革碰到的阻力大多数来自传统和习惯。在大多数时候，人们都是采取最熟悉的方法来解决问题，因为我们认为使用自己最了解的方式更易取得成效。但是当我们努力用熟悉的方案去解决问题时，很多问题仍然没办法得到改善，甚至更加恶化。

你知道现在著名的"观光电梯"的创意是怎么来的吗？

据说是这样的：美国的某摩天大厦因为游客的增多，终于出现了令人困扰的拥堵问题。为了解决这个问题，工程师决定再修一部电梯。当电梯工程师和建筑师做好一切勘察准备，在现场打算进行穿凿作业时，每天在大厦里工作的清洁工走出来跟他们攀谈。

"你们要把各层地板都凿开？"

"是啊！不然没办法安装。"

"那大厦岂不是要停业好久了？"

"是啊！但是没有别的办法。如果再不安装一部电梯，情况比这更糟。"

"要是我，我就把新电梯安装在大厦外！"清洁工不以为然地说。

就这样，这个"不以为然"的草根智慧，成就了"观光电梯"的盛况。

有人也许会问，论知识水平，工程师比清洁工高得多，却为什么想不到这一点呢？说来也不奇怪，原来在这两位工程师的心目中，楼梯不管是木的、混凝土的或电动的，都是建在楼内之梯。如今要新增电梯，理所当然地也只能建在楼内，因而，他们根本没有考虑过建在楼外。

而清洁工人却根本没有这个固定思维。她所想的是实际问题：怎样使新建电梯不影响公司正常营业，她本人也不致失去工作，便很自然地提出把新电梯建在楼外的构想。

　　言者无意，听者有心。清洁工的一句话打破了两位工程师的思维习惯，开通了他们的创新思路，世界上第一座在大楼外安装的电梯就这样诞生了。

　　有些时候，我们很容易陷入思维定式之中，就像给自己装上一个鸟笼。在这种情况下，我们应该勇于打破思维定式，走出保守的状态，不要自我捆绑，尝试寻找新的解决方法，或许就能豁然开朗，为自己找到新出路。

③ 以积极的心态融入社会

九月的操场 轻狂的年少
哭和笑都不去计较
仰望着蓝天 无尽的向往
期待着有天 会长的好高好高

——《差点忘记了》晓枫

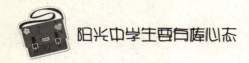# 你与目标之间有多远

美国专栏作家威廉·科贝特曾在一篇文章中写道：我们的目光不可能一下子投向数十年之后，我们的手也不可能一下子就触摸到数十年后的那个目标。这其间的距离，我们为什么不能用快乐的心态去面对生活呢？

威廉·科贝特年轻时辞掉了报社的工作，一头扎进创作中去，可他却一直写不出来心中的"鸿篇巨制"，他感到十分痛苦和绝望。

一天，他在街上遇到了一位朋友，便不由地向朋友倾诉了自己的苦恼。朋友听了后，对威廉说："咱们走路去我家好吗？"

"走路去你家？至少也得走上几个小时。"威廉说。

朋友见他退缩，便改口说："咱们就到前面走走吧。"

一路上，朋友带威廉到射击游艺场观看射击，到动物园观看猴子。他们走走停停，不知不觉，竟走到了朋友的家。几个小时走下来，他们都没有感到一点累。

在朋友家里，威廉听到了让他终生难忘的一席话，朋友说："今天走的路，你要记在心里，无论你与目标之间有多远，也要学会轻松地走路。只有这样，在走向目标的过程中，才不会感到烦闷，才不会被遥远的未来吓倒。"

就是朋友的这番话，改变了威廉的创作态度。他不再把创作看做是一件苦差，而是在轻松的创作过程中尽情地享受创作的快乐。不知不觉间，威廉写出了《莫德》、《交际》等一系列名篇佳作，成为美国著名的专栏作家。

目标是一盏明灯，照亮了属于你的生命；目标是一个路牌，在迷路时为你指明方向；目标是一方罗盘，给你导引人生的航向；目标是一支火把，它能燃烧每个人的潜能，牵引着你飞向梦想的天空。人生中遭遇最可怕的事情，就是没有明确的目标。目标是你追求的梦想，目标是成功的希望。失去了目标，你便失去了方向，继而一蹶不振，被生活打倒，失去了一切你本该得到的东西。

智慧心语：

不因幸运而故步自封，不因厄运而一蹶不振。真正的强者，善于从顺境中找到阴影，从逆境中找到光亮，时时校准自己前进的目标。

——易卜生

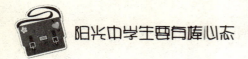

为何不尝试着改变自己

刘易斯·普雷斯诺尔说："也许你会认为别人的行为像是傻瓜，但是每个人都有权利按照自己的方式来行动，即使他们的行为真的非常愚蠢。"当别人的行为让我们不满意时，与其要求别人如你所愿，不如尝试改变你自己。

很久以前，在很远的地方住着一位国王，他贵为一国之君却常常感到不快乐。其实，他的生活已经足以让他满意了：他拥有漂亮的宫殿，他的臣民对他十分忠诚，他可以得到想要的一切。总之，他生活得非常舒适。尽管过着如此奢华的生活，但他还是不满足。他希望自己能够徒步走遍他的国家，去看看他的臣民；他希望能看到自己的臣民也在过着比较舒适的生活。不过他的这个愿望不太容易实现，因为他的国家到处是山，道路坎坷崎岖。他无论走到哪里，脚底板都会感到疼痛无比，所以他根本无法走遍自己的国家。

国王很想实现自己的愿望，但又想不出一个好主意。一天，他召集了国内所有聪明的谋士到宫里，让他们帮自己想办法。谋士们交头接耳讨论了一下，但他们的脸色都不好，因为谁也没有很好的意见。最后，一位老谋士说："尊贵的陛下，请给我们三天的时间吧，难题肯定会解决的。"

"好吧。"国王同意了，而且让所有的谋士在会议室思考，以便于他们完全不受干扰。

三天转眼就过去了。尽管谋士们想出了很多主意，但都行不通。到了第三天的晚上，他们派一个代表去回复国王：明天一早，他们一定将他们的想法告诉国王。

第四天一早，国三很早就来到了宫殿，用期待的目光看着所有的谋士。谋士们沉默片刻后，最老的谋士说道："尊敬的陛下，我们的主意就是您需要下令杀掉咱们国家所有的牛，然后剥掉它们的皮，用来为您铺路。这样，山路上锋利的石头就不会扎痛您了。"

国王问："这需要多长时间啊？"

谋士答道："要10年，我的陛下。"

"10年！"国王惊呼道，"我怕我都活不到10年了。如果这就是你们的主意，那么，我应该把你们的皮剥掉。"国王一怒之下说出了气话，不过他并没有这样去做，因为他还算是一个通情达理的仁君。

就在这静得连呼吸声都听得到的时刻，宫里的一个小太监不知不觉地爬了进来，他大胆地对国王说："陛下，如此说来，还不如只杀一头牛，用它的皮包住您的脚，这样您就可以走遍我们的国家了，根本不必杀掉所有的牛。"

国王恍然大悟：有时候，改变自己比改变整个世界要容易得多。

要企图改变别人，哪怕你花再大的力气，最后的结果也只会是失败。为什么会这样呢？因为大家都是喜欢听别人夸奖，不喜欢听别人指责的。你越是强调他人的缺点，他人反倒会重复自身的错误做法，哪怕你的建议对其是有益的。因而，与其想去改变那些不可能改变的人或事，不如改变你自己的心态和做法，不要再故步自封，如此才能有所进步。

智慧心语：

最不应该去做的事情就是企图去改变别人。

——马克·吐温

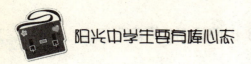

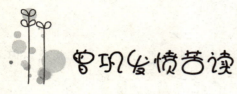

曾巩发愤苦读

曾巩是我国古代著名的散文家。

曾巩初次赴京应试是北宋景祐三年（公元 1036 年），当时他只有 17 岁。京都举试每三年一次，直到北宋嘉祐二年（公元 1057 年），曾巩才考中进士，当时他已经 39 岁，历经八次科考，所以人们对曾巩举试有"七次落榜"之说。

一次，曾巩和大弟曾晔落榜之后，返回建昌军南丰。乡里有些和曾家关系不怎么好的人，便在曾家住宅外边墙上贴了一首打油诗。其诗曰："三年一度举场开，落杀曾家两秀才。有似檐间双燕子，一双飞去一双来。"

当时曾巩气得脸铁青，将诗撕下来操作一团扔在地上，曾家全家都感到羞辱。但是后来曾巩说："这是别人送给我们一条鞭策自己的鞭子。"他没有把旁人的奚落放在心上，带着几个弟弟刻苦学习，在盱江南岸山岩洞中苦读习文。

三年后，州考张榜，曾家兄弟六人及两个妹夫全部中举。

曾巩如果将这首打油诗一撕了之，置之不理，不发愤攻读，把它作为鞭策自己的鞭子，岂能有日后兄弟六人及妹夫全部中举的盛况呢？可见，拿出勇气改正错误，是一个人进步的根本。

在人生的道路上，人人盼望被表扬，无人喜欢被批评。但表扬和批评本是一对孪生姐妹，永远伴随着我们的生活。表扬，会使我们的心中迸发出无比的自豪与欢乐；批评，会像一瓢洒向我们的冷水，将我们的情绪推入谷底。不过，批评又会像一把双刃剑，催促、激励着我们前进。让我们吃一堑，长一智，注意吸取教训，丰富我们的人生体验，不要在乎别人怎么看我们，只要肯努力，就一定能实现自己的目标。

智慧心语：

批评不是一个趣味的问题，而且是一个谁的趣味的问题。

——詹姆斯·格兰德

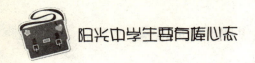

天下没有不劳而获的东西

从前，有一位爱民如子的国王，在他的英明领导下，人民丰衣足食，安居乐业。深谋远虑的国王却担心自己死后，人民是不是也能过着幸福的日子。于是，他招集了国内的有识之士，命令这些人找一个能确保人民生活幸福的永世法则。

三个月后，这些学者把三本六寸厚的帛书呈给国王，说："国王陛下，天下的知识都汇集在这三本书内，只要人民读完它，就能确保他们的生活无忧了。"

国王不以为然，因为他认为人民不会花那么多时间来看书。所以，他再次命令这些学者继续钻研。

二个月后，学者们把三本书简化成一本。国王还是不满意。

又过了一个月，学者们把一张纸呈上给国王。国王看后非常满意，说："很好，只要我的人民日后真的奉行这宝贵的智慧，我相信他们一定能过上富裕幸福的生活。"说完后，国王便重重地奖赏了这些学者。

原来这张纸上只写了一句话：天下没有不劳而获的东西。

大多数的人都想快速发达，但是却常常忽略一个道理：做一切事都必须脚踏实地，实干亲为，才能有所成就。只要能够放弃投机取巧的心态，抛开碰运气的想法，全力以赴去做你该做的事，成功或许离你就不远了。

成长启迪：

　　每个人都有懒惰的思想，一遇到困难就打退堂鼓，缺少吃苦耐劳的思想和毅力。然而，天下没有不劳而获的东西，一份耕耘才有一份收获。今天的成功就是因为昨天的积累，明天的成功则有赖于今天的努力。所以，不妨将勤奋和努力融入每天的生活中，融入每天的学习中，相信你会收获得更多。

智慧心语：

　　我觉得人生求乐的方法，最好莫过于尊重劳动。一切乐境，都可由劳动得来，一切苦境，都可由劳动解脱。

——李大钊

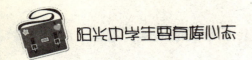

你永远不会丧失价值

在一次讨论会上，一位著名的演说家还没有说开场白，就将一张 20 美元的钞票举起来，引起了听众的注意。

面对会议室里的 200 名听众，他问："谁要这 20 美元？"

只见听众当中有很多人举起手来。

演说家接着说："我打算把这 20 美元送给你们中的一位，但在这之前，请准许我做一件事。"他说着，将钞票揉成一团，然后继续问："谁还要？"

此时，仍有人举起手来。

他又说："那么，假如我这样做又会怎么样呢？"他把钞票扔到地上，用脚碾踏它。而后。他拾起钞票，此时的钞票已变得又脏又皱。

"现在谁还要？"

还是有人举起手来。

"朋友们，你们已经上了一堂很有意义的课。无论我如何对待那张钞票，你们还是想要它，因为它并没贬值，它依旧值 20 美元。人生路上，我们会无数次被自己的决定或碰到的逆境击倒、欺凌甚至碾得粉身碎骨。我们觉得自己似乎一文不值。但无论发生什么，或将要发生什么，在上帝的眼中，我们永远不会丧失价值。在上帝看来，肮脏或洁净，衣着齐整或衣衫不整，我们依然是无价之宝。"

生命的价值不在于我们能有多大作为，也不在于我们结交了多少知名人物，而是由我们本身来决定的！

每个人的生命都像是一出戏，最忠实的观众其实就是自己。只有为自己喝彩，才能让别人为你喝彩。肯定自己的价值，无时无刻不坚持努力，你的人生将充满精彩。

智慧心语：

信心是一种心境，有信心的人不会在转瞬之间就消沉沮丧。

——海伦·凯勒

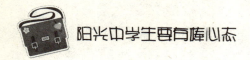

任何选择都是一种放弃

法国少年皮尔在小的时候非常喜欢舞蹈，从小他就梦想成为一名优秀的舞蹈演员。可是，因为家境贫寒，父母根本没钱送皮尔进学费昂贵的舞蹈学校，只好将他送到一家缝纫店当学徒，希望他学成一门缝纫的好手艺后能立刻挣钱，分担家里的负担。皮尔一开始非常厌恶这份工作，因为繁重的工作带给他的酬劳还不够他的生活费和学费。更重要的是，他为自己的理想无法实现而苦闷。

皮尔当时悲观地认为，与其这样痛苦地活着，还不如早早痛快地死了算了。一天晚上，皮尔准备跳河自杀，他突然想起了自己从小就崇拜的有着"芭蕾音乐之父"美誉的布德里。皮尔觉得只有布德里才能明白自己这种为艺术献身的精神。他决定给布德里写一封信，希望布德里能收下他这个学生。

没过多久，皮尔意外地收到了布德里的回信。但布德里并没提及收他做学生的事，也没有被他要为艺术献身的精神所感动，而是向他讲述了自身的人生经历。布德里说，自己小时候很想当科学家，因为家境贫穷无法上学，只得跟一个街头艺人跑江湖卖艺……最后，布德里说：一个人活在世上，现实与理想总是有差距的。在理想与现实生活中，首先要选择生存。只有好好地活下来，才有机会去实现自己的理想。如果一个人连自己的生命都不珍惜，也不配谈艺术了。

看了这封回信，皮尔猛然醒悟。后来，他发奋学习缝纫技术。从13岁那年起，他在巴黎开始了自己的时装事业。不久，他便建立了自己的公司和服装品牌。他就是当今世界著名服装品牌"皮尔·卡丹"的创始人皮尔·卡丹。

在一次接受记者采访时，皮尔·卡丹说，其实自己并不具备舞蹈演员的素质，当舞蹈演员只不过是少年轻狂的一个梦而已。

皮尔·卡丹能够成为世界知名品牌，在于创始人皮尔·卡丹年轻时做

出的一次伟大的取舍。一次勇敢的放弃，成就了皮尔·卡丹的人生，也成就了"皮尔·卡丹"作为时装品牌的辉煌。放弃有时是很不容易，但是，有舍才有得。

人生就像旅行。你的背包里不能时刻都鼓鼓的，你需要适时地放进来一些新的、需要的东西，扔出去一些破旧的、不再需要的东西。人生就要有所取舍，该放弃时要大胆放弃。聪明的放弃胜过盲目的执著。

智慧心语：

未来有两种前景，一种是畏畏缩缩的，一种是充满理想的。上帝赋予人自由的意志，让他可以自行选择。您的未来就看您自己了。

——大仲马

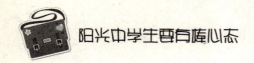

相信自己，别为误会烦恼

　　一个美丽的下午，18 岁的英格丽·褒曼去参加斯德哥尔摩皇家剧院的考试。

　　进入考场后，她全神贯注、一丝不苟地表演着精心准备的小品。其间，她情不自禁地朝评委席上瞥了一眼，结果使她大失所望，灰心丧气。因为她看到评委们正在漫不经心地聊天，有说有笑地比画着，一点儿也没有关注她的表演。恰在此时，她听到评委会主席说："好了好了，谢谢你，小姐！下一个……"

　　此刻的英格丽·褒曼绝望了，脑海里一片空白，连后面的台词也忘得一干二净了。因为她判断，自己绝对没有被录取的希望。

　　英格丽·褒曼离开考场后，走到一条河边，想用投河的方式结束自己的生命。但因为河水太脏，臭气熏天，最后她动摇了。

　　她无论如何没有想到，第二天就云开雾散、柳暗花明了：她收到了皇家剧院的录取通知书。

　　此后不到一年，她便跃身为瑞典影坛上一颗明亮的新星。

　　一个偶然的机会，英格丽·褒曼与当时那位评委会主席邂逅，她自然而然地说起当年参加了斯德哥尔摩皇家剧院考试后准备自杀的情景。

　　那位评委会主席立刻瞪大了眼睛，无比吃惊地对她说："真是天大的误会！那天你一上台，我们就一致认为你应当被录取。你是那么自信，我们都很欣赏你的台风。我对另外几个评委说：'好了，别浪费时间了，赶快叫下一个吧。'"

一成长启迪：

在每个人的一生中都会遇到大大小小的误会，这些误会并不代表着什么。如果英格丽·褒曼真的因为误会自杀了，那么多年以后，哪里还会有这么优秀的舞台剧演员？在生活中，我们应该少一些计较，多一些宽心。让时间将心灵的枷锁解开。不要再自我捆绑，令自己不得解脱。

智慧心语：

承认自己也许会错，就能避免与人争论。而且，可以使对方跟你一样宽宏大度，承认他也可能有错。

——戴尔·卡耐基

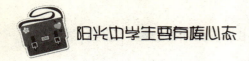

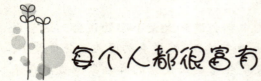 每个人都很富有

一天，小杰克回到家后就对妈妈说："妈妈，我们很穷，是吗？"

"不，杰克，我们并不穷。"妈妈说。

"不，妈妈，"小杰克难过地说，"我们就是非常穷，你在骗我！"

"杰克！"妈妈的口气中含有责备的意味。

"是的，妈妈，我们就是太穷，"他哭着说，"伙伴们都有好多玩具，可是我一个也没有。"

这时候，杰克的叔叔来到了他家，当叔叔了解到杰克哭泣的原因之后，就对杰克的妈妈说："我会让他知道自己是多么富有。"

"杰克，我正在做一个关于眼睛的实验，如果你肯把你的眼睛给我的话，你将得到 2 美元。"叔叔对杰克说。

"你是在开玩笑吗？"杰克吃惊地问。

"不，这不是玩笑。"叔叔一本正经地说。

"我想不行。"小家伙回答的语气非常坚决。

"你嫌得到的少吗？5 美元、10 美元、20 美元……"叔叔接着问。

杰克总是摇头说："不，1000 美元我也不干！"

"2000 美元呢？"叔叔问道。

"不！"杰克摇头。

"那么好吧，"叔叔说，他又从兜里拿出一个小瓶子，里面有一些红色的药水，"如果你让我把这瓶子里的药水滴到你耳朵里的话，你将会得到 20 美元。我只想知道这些药水是否能让一个人的耳朵变聋。"

"不行！"杰克斩钉截铁地说。

"3000 美元？"叔叔又问。

"不，不行！"杰克又摇头。

接着，叔叔又要他的双手、双脚、鼻子，最后出价 10 万美元要他的妈妈。

杰克拒绝了所有的提议。

"杰克，现在你来看！"叔叔把刚才出的价钱都记在本子上了，"你真是太富有了！这些钱加起来一共是132000美元。"

　　"你不觉得放弃这么多的钱太可惜了吗？我要告诉你，现在反悔还来得及，我还在这里。"叔叔提醒道。

　　"不，我绝对不会后悔。"杰克坚决地说。

　　"那么，你为什么要说自己穷，让你妈妈那么伤心呢？"

　　杰克红着脸，泪水滑下了脸颊，他冲到妈妈怀里亲吻着她的脸庞说："妈妈，我知道了，其实我们每一个人都很富有，我能天天看见你，还有健康的身体，上帝真是太好了，他给了我们一切。"

　　不要以为自己很穷。拥有健康、拥有爱，你就拥有了无数的财富，还有什么值得悲伤的呢？无论生活让我们经历了什么，我们都应该感恩。感谢生活赋予我们的无尽财富，感谢亲人与朋友给予我们的爱。

智慧心语：

　　一个人的欲望如果只是追求金钱或权势，他便永不能获得满足，而不满足便不能快乐。

——柏杨

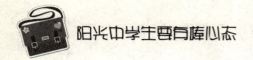

1850次拒绝

在美国，有一位穷困潦倒的年轻人，即使在他身上全部的钱加起来都不够买一件像样的西服时，他仍全心全意地坚持着自己心中的梦想——他想做演员，拍电影，当明星。

当时，好莱坞共有500家电影公司，他逐一数过，并且不止一遍。后来，他又根据自己的戏路，制订了拜访计划，带着自己为自己量身定做的剧本前去500家公司拜访。但第一遍拜访下来，500家电影公司没有一家愿意聘用他。

面对百分之百的拒绝，这位年轻人没有灰心，他从最后一家拒绝自己的电影公司出来之后，复又从第一家开始，继续他的第二轮拜访与自我推荐。

在第二轮的拜访中，500家电影公司依然拒绝了他。

第三轮的拜访结果仍与第二轮相同。这位年轻人咬牙开始他的第四轮拜访，当拜访完第349家后，第350家电影公司的老板破天荒地答应他留下剧本看一看。

几天后，年轻人获得通知，这第350家电影公司请他前去详细商谈。

就在这次商谈中，这家公司决定投资开拍年轻人写的电影，并请这位年轻人担任自己所写剧本的男主角。

这部电影名字叫《洛奇》。

这位年轻人的名字就叫席维斯·史泰龙。现在翻开电影史，这部叫《洛奇》的电影与史泰龙这个闻名全世界的巨星皆榜上有名。史泰龙也因此深受全世界影迷的喜爱。

成功也许真的只是一种"坚持"，当成功与失败的比例是三七开时，你坚持的时间越长，成功的机会就越大。凡是坚持，不屈不挠，就有了赢的姿态。

智慧心语：

踏出第一步的时候是最艰难的，保持坚持的信念就会发现另一片海阔天空。

——马云

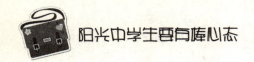

不舍不弃才能柳暗花明

霍金奇从小就受到父母的影响。她的父亲是考古学家，母亲的植物学知识非常丰富。因此，幼年的霍金奇对矿物和植物有着浓厚兴趣。她在家中的顶楼给自己搭了个实验室，模仿大人做实验。

那时，X射线结晶学的开山鼻祖威利姆·布拉格曾经写了一本面向儿童的科普读物。就是在这本书的引导下，霍金奇知道了人类可以利用X射线看到一个个的原子和分子。后来，她在大学学习了X射线的衍射方法，并在毕业论文中论述了某元素有机化合物的结构，发表在《自然》杂志上。

在剑桥大学工作期间，她又继续向胃蛋白酶和胰岛素的X射线解析方法发起挑战。她在偶像威利姆·布拉格的指导下，成为用X射线结晶学解析生物化学结构的第一人。

认准目标的霍金奇决定对世界上刚刚提取出来的生理活性物质如青霉素、维生素等逐个用X射线解析法测定其空间结构。最终，她获得了成功。1964年，她因这些业绩被授予诺贝尔化学奖。

霍金奇的成功得益于她幼年读到的科普读物。这些读物使她几乎没有犹豫就走上了研究X射线衍射的道路，使诺贝尔级的课题直接向着自己飞来。全神贯注地沿一条路走下去，这也是她接近诺贝尔奖的方法之一。

获奖后，她得到了不授课、不做指导老师、专门从事研究的教授地位。这样，她避免了在教学事务上消耗时间，一心一意地钻研胰岛素的X射线衍射。

1969年，她终于阐明了胰岛素的三维结构。

透过一些成功人士的自传可以看出，这些人在生活中都受过一连串的无情打击。他们之所以最终成为彪炳史册的伟人，只是因为他们都能专注做事，从而获得辉煌成果。由此可见，即使是一个才华一般的人，只要他在某一特定时间内全身心地投入从事某一项工作，并不屈不挠，满怀信心，勇敢去闯，他也会取得巨大的成就。

智慧心语：

苟有恒，何必三更起五更眠；最无益，只怕一日曝十日寒。

——毛泽东

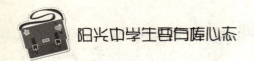

心态法则 跳蚤效应：心有多宽，舞台就有多大

在我们的周围，有很多这样的人——他们才华横溢，却无法施展，只是因为他们追求得过且过的日子，丝毫不愿意展翅一搏，就好像在时刻对自己说："我的一生也就这样了。"

人们自我设限，实际上等于扼杀了自己的潜能，让自己的才华不能充分发挥出来，这是多么令人遗憾的事啊！

要想展翅一搏，先要让自己看得更高，把目的地设定得更远，这样才能毫无保留地发挥才智，在生活的天空中自由地飞翔。

不知道你是否知道跳蚤这种生物。跳蚤可以轻松地跳起1米多高，其起跳高度是其身体高度的1000倍，可以说，它是动物界当之无愧的跳高冠军。为了研究跳蚤的跳高特性，研究者们试着限制跳蚤跳跃的高度。他们先在一个容器内1米高的地方放个盖子，然后让跳蚤在里面跳跃。这时，跳蚤一跳起来就会撞到盖子顶，它不断地跳就不断地撞，于是，跳蚤就变得"聪明"了，习惯了在低于1米的高度跳跃。过了一段时间后，研究者们拿掉盖子，他们惊奇地发现，虽然已经没有了限制，但是跳蚤再也跳不过1米了！

人有时候也像跳蚤一样，给自己一个易于满足的目标，结果就只有庸庸碌碌地过一生。不敢想，就注定平淡；不去做，就只能平庸。有什么样的目标就有什么样的人生。

目标决定人生，这个简单却被很多人忽视的道理就是"跳蚤效应"。那么，我们如何摆脱"跳蚤效应"呢？

＊ 野心多大，决定你能飞多高

事业上取得成功的人们都会执著地追求自己的目标，把全部的精力只集中于一点。他们常说，就好像有一股看不见的神秘力量在指引着他们，

而他们的所作所为不过是顺应自己内心深处的指示。

其实，一个人的整个生活都是在人生目标的指引下进行的。

如果你为自己制定的人生目标比较浅近，那么，你的生活格调就会显得比较低下，生活质量也就趋于平凡；反之，有高远的目标指引，你的生活则丰富得多，在高远目标的指引下，你的人生会变得充实而有品位。

街头有一个卖气球的小贩，他喜欢放飞几只气球来招揽顾客。每当这时，总有许多小朋友围绕着他，仰起头看着美丽的气球向空中飞去……

直到有一天，在这群围观的小孩中出现了一位黑人小朋友。他久久地注视着飞上天的气球。顺着他专注的眼光，小贩发现在这次放飞的气球中有一只气球是黑色的。黑色？！小贩忽然明白了黑人小朋友的敏感心理……

被触动的小贩走上前去，摸着小孩的头说："嘿，我的朋友，黑色气球能不能飞上天，在于它心中有那想飞上天空的气，如果这口气够足，那它一定能飞上天空！"

这则故事的感人之处在于，它给了一个信念：坚持和努力，成功就不会遥不可及！世上的匆匆路人，有多少都是出身平民，何必妄自菲薄。无论出身、肤色、民族、语言、学历等的差别，只要有坚持和努力的信念，就一定能走上成功的坦途——毕竟，飞上天空的，是气球，而不是它的颜色！

一个人不敢去追求成功，是因为他的心里面默认了一个"高度"，这个高度常常暗示他：成功是不可能的，是没有办法做到的。"心理高度"是人无法取得伟大成就的原因之一。假设，如果上帝告诉你，你肯定能赚1000万元，那么你就不会给自己制定只赚100万元的目标。我们当中的很多人就是因为不知道自己到底能实现多大的成功而定低了目标，结果影响了自己的前进。

换句话说，你有多大的野心就可能有多大的成就。

* **看不到目标，就难有好结果**

目标对于一个人来说极其重要，一个人未来的一切都取决于他为自己所制定的目标。人生目标可以影响一个人的动机和行为方式，改变一个人

75

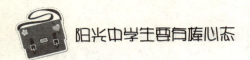

的生活，重塑一个人的性格。毫不夸张地说，一个人的命运如何，就取决于这个人为自己所制定的人生目标。

1952 年 7 月 4 日的清晨，加利福尼亚海岸笼罩在浓雾中。在海岸以西 21 英里的卡塔林纳岛上，一个 34 岁的女人涉水进入太平洋中，开始向加州海岸游去。要是成功了，她就是第一个游过这个海峡的妇女。这名妇女叫费罗伦丝·柯德威克。

在此之前，她是游过英吉利海峡的第一个妇女。那天早晨，海水冻得费罗伦丝身体发麻。雾很大，她连护送她的船都几乎看不到。时间一个钟头一个钟头过去，千千万万的人在电视上注视着她。在以往这类渡海游泳中她的最大问题不是疲劳，而是刺骨的水温。15 个钟头之后，她被冰冷的海水冻得浑身发麻。她知道自己不能再游了，就叫人拉她上船。她的母亲和教练在另一条船上。他们告诉她海岸很近了，叫她不要放弃。但她朝加州海岸望去，除了浓雾什么也看不到。几十分钟之后，人们把她拉上了船。而拉她上船的地点，离加州海岸只有半英里！

当别人告诉她这个事实后，从寒冷中慢慢复苏的费罗伦丝很沮丧。她告诉记者，真正令她半途而废的不是疲劳，也不是寒冷，而是因为在浓雾中她看不到目标。费罗伦丝一生中就只有这一次没有坚持到底。两个月之后，她成功地游过了同一个海峡。她不但是第一位游过卡塔林纳海峡的女性，而且比男子世界纪录还快了大约两个钟头。

对于柯德威克小姐这样的游泳好手来说，尚且需要目标才能鼓足干劲完成她有能力完成的任务，对一般的人来说更是如此。

* 当心挫折消磨掉你的雄心

人生目标体现了一个人的风度和修养：如果我们总是期望更好、更高、更神圣的东西，并为此付出艰苦的努力。那么，我们才会达到自己的目标。我们在日常生活中表现出来的个性特征，往往反映出自己对自己的希望和要求。你的一言一行都能反映出你的生活打算和人生态度。

如果你给自己制定了较高的目标，伴随而来的既有积极努力的态度，也肯定会遭受不同程度的挫折和失败。所以，在挫折面前，要想保护好你的雄心，你一定要比常人更坚忍不拔。我们来看一下这个人的经历：

1831 年，生意失败；

1831 年，竞选州立法委员失败；

1833 年，再一次尝试做生意失败；

1835 年，未婚妻不幸去世；

1836 年，患上神经衰弱症；

1843 年，竞选国会议员失败；

1848 年，再度竞选国会议员失败；

1855 年，竞选参议员失败；

1856 年，竞选副总统失败；

1859 年，再次竞选参议员失败。

他就是亚伯拉罕·林肯。1860 年，他当选为美国第 16 届总统，并成为美国历史上最著名的总统。他的坚忍，改写了历史，也让历史记住了他的名字。

总之，我们怎么期待自己，自己就有可能成为怎样的人。让雄心壮志来填充自己的全部思想和行动吧。只有这样，你的雄心才会变为现实。

4 处理好人际关系，你将不再寂寞

熟悉的人情味贴心的人情味飘香在
空气
每一份加油声每一个鼓励声我不会
忘记
纵然飘洋千万里离乡又背井也会有
伤心
但是有你们我就不孤寂
我真的好感激

——《人情味》陈小春

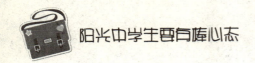

独木难成林，成功离不开合作

　　拿破仑·希尔年轻的时候很想独立创办一份杂志，但当时他没有足够的资金，因此就与一家印刷厂合作，在芝加哥共同创办了一份教导人们如何成功的杂志。他很喜欢这份工作，而且为其投入了很多的时间和心血。虽然有些辛苦，但他却从中获得了很多乐趣。

　　他的杂志办得非常成功。但是，他与合伙人在工作上却存在很多分歧。他们经常因为一些出版方面的小事发生争吵，这使得他们之间的关系变得日渐不和谐起来。同时，拿破仑·希尔的杂志的成功也给其他出版商造成了威胁。一家出版商在得知拿破仑·希尔与合伙人内部不和的消息后，趁机出资买走了他的合伙人手中的股份，接收了他的杂志，这使得拿破仑·希尔不得不带着耻辱的心态离开了他所热爱的工作。

　　之后，他仔细思考了自己失败的原因，终于得出了结论：首先就是自己对业务缺乏绝对的控制权；其次是缺乏与合伙人之间的沟通。这次失败，虽然让他蒙受了损失，但也让他明白了很多，给了他今后成功的种子。

　　经历了失败的拿破仑·希尔打算重新开始。他离开芝加哥前往纽约，在那里，他又创办了一份杂志。这回他吸取了上次失败的教训，学会吸纳一些占有部分股份、但没有绝对权力的合伙人与自己共同努力。并且，他经常与其他合伙人进行沟通，及时交换各自的意见。因此，他再也没有遇到过之前那种与合伙人争吵不断的情况了。而且，在不到一年的时间里，这份新杂志的发行量就比以前那份杂志翻了两倍多。

　　人都是生活在一个社会群体之中，而人际关系就成了你与社会交往的一种纽带。不过，人际关系并不是一日之间就可以建立起来的，而是需要你的长期经营。一个人想要成功，自己的能力固然重要，但也离不开他人的帮助。

人与人之间的交往，除了考虑利益关系之外，还要看彼此之间的感觉如何。如果你给人的印象不佳，别人又怎么会愿意帮助你呢？要知道，维持和谐的合作关系，对一个成功者来说是相当重要的。与其在自己的成功路上树立更多的敌人，倒不如赢得更多的朋友。所以，多多克制自己的脾气，少与人争辩，你的人生必然不会孤独。

智慧心语：

如果想交到好朋友，自己要先成为好朋友。

——法顶

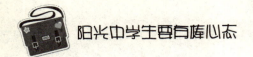

滴水宜入海，在合作中实现双赢

　　巧借他人力量，有助于实现自己的梦想。一滴水只有融入大海，才永远不会枯竭。

　　80美金周游世界，大多数人可能都认为这是个天方夜谭，但是一位叫做罗伯特·克里斯托弗的美国人却坚信自己能够做到。

　　为了实现这个梦想，他做了很多准备工作：领取一份可以上船当海员的文件；在警察局申请无犯罪记录的证明；获得美国青年协会的会员资格；考取一个国际驾照；找来一份国际地图；与一家大公司签订合同，为之提供所经过国家和地区的土壤样品；同一家航空公司签订协议，可免费搭机，条件是要拍摄照片为其公司做宣传……

　　在进行了充分的准备工作后，年仅26岁的罗伯特揣着80美金，开始了自己的旅行。下面就让我们来看他在旅行中的一些经历吧：在加拿大巴芬岛的一个小镇，他通过为厨师拍照而获得了免费的早餐；在爱尔兰，他用48美元买了4箱香烟，在从巴黎到维也纳的旅途中，他投船长所好，送给了对方一箱香烟，从而免去了船费；采用了几乎相同的方法，他只用了四包香烟，就乘坐穿山越岭的列车，从维也纳到达了瑞士；在伊拉克运输公司，他给经理和职员拍了很多照片，结果跟着这些人免费到达了伊朗的德黑兰；在泰国，他又给一家酒店的老板提供了对其酒店发展非常有价值的资料而受到了贵宾式的待遇，获得了免费吃住的机会……

　　最后，通过自己的努力和很多巧妙的方法，罗伯特实现了多数人认为完全不可能的80美金周游世界的梦想。很重要的一点就是，在他的计划和经历中，他巧妙地利用和他人的合作，为自己提供了帮助，并最终实现了目标。

　　罗伯特的成功再次验证了这句话——"没有做不到，只有想不到"。这说明只要你敢想敢做，没有事情是完全不可能的，而且也只有敢想敢做的人才能获得普通人难以获得的成功。

　　个人在社会上生存，必然需要与人合作。所以掌握合作技巧，成了我们每一个人都应该不断学习和实践的事情。再者，个人的精力和能力都是有限的，永远无法做好所有的事情。所以合作是必要的，也是必需的。合作精神是一个人踏入社会所必须具备的基本素质，没有合作精神的人，必然会遭遇挫折和失败。

智慧心语：

　　为了达到伟大的目标和团结，为此所必需的千百万大军应当时刻牢记主要的东西，不因那些无谓的吹毛求疵而迷失方向。

——恩格斯

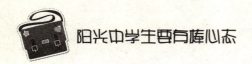

理解别人，要克服"先入为主"

18世纪末期，法国许多雄心勃勃的青年都希望能考入炮兵学校，因为只要被这所学校录取，就能取得少尉军衔。那年，共有近两百名青年应考。不过，其中大多数都是巴黎有钱有势的纨绔子弟，主考官则是有名的数学家拉普拉斯。

考试开始后，门突然被推开了。大家将诧异的目光集中到了门口，只见门口站着一个身材矮小的农民，穿着一双破皮鞋，手里拿着一根充当扁担的木棍。拉普拉斯惊异地问："朋友，您找谁，是不是搞错了？"

来人满脸通红，喃喃低语说："我是来参加考试的。"

看到"乡巴佬"也来参加考试，全场哗然，富家子弟们哄堂大笑起来，大家都等着看一场"乡巴佬"出洋相的好戏。

最后轮到这位农民回答问题。数学家拉普拉斯并不歧视他，照样耐心地、和蔼地提出问题。让人意想不到的是，这位农民居然对答如流。拉普拉斯又提了一些困难的问题，农民也准确地做了回答。

拉普拉斯非常高兴，立即拥抱他，并祝贺他成为本次考试的第一名，最后让全体考生起立，向他祝贺。这时，大家才知道这位"乡巴佬"模样的青年是南锡城一个面包铺老板的儿子，名叫德鲁奥。此后，拉普拉斯从各方面向德鲁奥提供帮助。德鲁奥也没有辜负拉普拉斯的期望，他在拿破仑军队里服役，在同奥地利、俄罗斯、普鲁士的战争中屡建战功，成为著名的将领。

在这个故事里我们可以清楚地看到，拉普拉斯之所以把德鲁奥成功地培养成一名杰出的将领，是因为前者摆脱了第一印象的消极影响。如果拉普拉斯像考场上的其他人一样，只看到德鲁奥贫寒、平凡的外表，就认定他是一个无知的农民，那么拉普拉斯就会拒绝对德鲁奥进行任何考查，或草草了事，敷衍地把德鲁奥淘汰下去。然而，拉普拉斯没有这样做，他不为表面现象所迷惑，保持冷静的头脑和考官的严谨作风，才使他认识到"乡

"巴佬"的价值，选拔出屡建战功、出类拔萃的军事将领人才。

　　想去主动与人交往，去了解一个人、理解一个人，就不能对这个人有先入为主的心态。一旦对别人有了不好的第一印象，以后可能很难从这种印象中摆脱出来，正视别人。同时，这也不利于人与人之间的交往。

　　无论是在社会还是在学校，人与人之间只有相互理解，彼此之间才会多一份坦诚，多一份宽容，才能更好地在一起交流。尽量去理解别人吧，无论他有多少缺点和弱点。因为人的缺点常常是与优点相伴而生的，在欣赏别人优点的同时，也要理解和包容别人的缺点。这样，人与人在情感上才不会存有怨恨，在行动上才不会发生对立，你的人际关系才会更加和谐融洽。

智慧心语：

不要理解你可以相信的，但要相信你可以理解的。

——圣·奥古斯丁

多一个敌人就是多了一堵墙

　　许多时候，并不是别人喜欢与我们作对，反而是我们对他人轻蔑的心态，在不经意间为自己树下了劲敌，并且因为这支劲敌的存在而令自己走向失败的命运。实质上，打败我们的并不是我们的对手，而恰恰就是我们自己。在清朝著名商人胡雪岩身上就发生过一件令人玩味的事情。

　　那时，在杭州曾有一家非常有名的药店叫重德堂，老板就叫叶重德。胡雪岩本是经营钱庄、粮食等生意，他最大的客户是军队。有时，出于生意上的缘故，胡雪岩会邀请一些名医开出处方，配制辟瘟丹、诸葛行军散、红灵丹等药，免费送到军中用于治疗创伤和预防疾病。胡雪岩的做法引起了开药店出身的叶重德很大的反感，叶重德认为胡雪岩在抢自己的生意。

　　一次，胡雪岩的妻子病了，派人到重德堂抓药。药被拿回来时，其中有两味发了霉，根本不能用。胡雪岩只好又派人去重德堂调换，派去的人也极力强调是胡雪岩的妻子用，不能马虎。谁知不提胡雪岩的名字还好，一提反而坏了事。只见叶重德双手抱肩，歪着头轻蔑地笑了笑说："回去告诉你家胡老爷，我店中就只有这样的药，嫌我的药不好，就自己开一家药店嘛。"

　　派去换药的伙计回来，将叶重德的话报给胡雪岩，胡雪岩听了十分生气，心想自己在杭州城也算个有头有脸的人，哪能咽得下这口恶气！他平静地对下人说："大家都是场面上的人，要相互捧场才是。我送点药给军队，也只是出于生意的需要，并没有与他争过什么市场。既然叶老板如此小瞧于我，那我就开个药铺给他看看吧！"胡雪岩的伙计听了，都鼓掌支持。

　　说做就做。没过多久，胡雪岩的"庆余堂"便在杭州最热闹的地方轰轰烈烈地开张了。胡雪岩为自己的庆余堂制定了一个最起码的规定：只要顾客有对药不满意的地方，立即把药投到火炉里烧掉，重换新的。由于庆余堂经营的药在质量上有保证，且服务态度又非常好，没几年，庆余堂就红遍了江南，在全国各地开了数百家分店，并形成"北有同仁，南有庆余"

的格局。反观重德堂，生意则是江河日下，最后无奈关门。

　　当年胡雪岩派人到重德堂抓药，叶老板本可抓住这个机会与胡雪岩搞好人际关系，说不定，还有可能由两人共同来开发军队用药这个广阔的市场。如此一来，两人合作都有利可图，本该是一种双赢的结果。岂知这位自称重德的叶老板，却是个小肚鸡肠之徒，自己开着大药铺，却容不得胡雪岩送药给别人，甚至公开羞辱胡雪岩，结果把一个本来可以成为朋友的人变成了自己的劲敌，最后输得一败涂地。

　　许多时候都是这样，人与人本来可以成为共享利益的朋友，最终却成了对手甚至敌人。无论哪一方在竞争中取得了最后的胜利，都无法实现利润的最大化。要实现利润的最大化只有合作，多一个敌人不如多一个朋友！

智慧心语：

　　"朋友"有时是一个缺乏意义的词汇，而"敌人"却不是这样。

—— 雨果

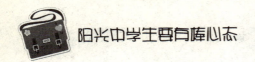
化解一段积怨就是搭了一座桥

世界上只有冲不淡的深情，没有解不开的仇恨。总是怀着仇恨的人，不只会给自己制造充满敌对气氛的人际交往环境，还会给自己加重生活的不安与忧虑。

在一个偏远的山村里，张姓与李姓两家是三代世仇，两户人家一碰面，动不动就会上演武斗。一天傍晚，老张与老李从市集里出来，正好在返村的路上遇见了。仇人见面分外眼红，但他们也没有开打。不过，各自保持距离，谁也不搭理谁。两人一前一后走在通往村里的小路上，相距约有几米之远。

天色渐黑，又是个乌云蔽月的夜晚。走着走着，突然老张听见前面的老李"啊呀"一声惊叫，原来是老李掉进溪沟里了。老张看见后，连忙赶了过去，心想：无论如何总是条人命，怎么能见死不救呢？

老张看了溪沟一眼，只见老李在溪沟里浮浮沉沉，双手在水面上不断挣扎着。这时，急中生智的老张连忙折下一段柳枝，迅速将枝梢递到老李的手中。老李被救上岸后，感激地直说"谢谢"。然而，猛一抬头，老李大吃一惊，原来救自己的人居然是仇家老张。

老李颇为不解地问："你为什么要救我？"老张说："为了报恩。"老李一听，更为疑惑："报恩？恩从何来？"老张说："因为你救了我啊。"老李丈二和尚摸不着脑袋，不解地问："咦，我什么时候救过你啦？"老张笑着说："就在刚才啊。你想想，今晚在这条路上，只有我们两个人一前一后行走。刚才你遇险时，如果不'啊呀'那一声，第二个坠入溪沟里的人肯定是我了。所以，我哪有知恩不报的道理呢！所以啊，真要说感谢的话，那理当先由我说啊！"

这时，月亮从乌云里露出脸来，在月光的照射下，地面上映着老张与老李的影子：当年曾互相打斗过的双手，如今紧握在了一起。

退一步海阔天空，就像老李与老张。在我们最需要帮助时，可能出现在我们身边的就是我们以前的敌人。因此，有时多一个朋友，不如减少一个敌人。如果敌人不肯向我们靠过来，我们就主动走过去，伸出和解之手。

智慧心语：

人的生活离不开友谊，但要得到真正的友谊才是不容易；友谊总需要忠诚去播种，用热情去灌溉，用原则去培养，用谅解去护理。

——马克思

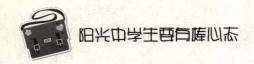

谦逊是一种修养

达·芬奇曾经说过："微少的知识使人骄傲，丰富的知识则使人谦逊，所以空心的禾穗高傲地举头向天，而充实的禾穗则低头向着大地，向着它们的母亲。"生活中，我们处处可看见一些无知而又狂妄的人。

一天，苏格拉底的弟子聚在一块儿聊天，一位出身富有的学生，当着所有同学的面，夸耀他家在雅典附近有一块广阔的田地。

当他吹嘘的时候，一直在旁边不动声色的苏格拉底拿出地图说："麻烦你指给我看，亚细亚在哪里？"

"这一大片全是。"学生指着地图得意扬扬地说。

"很好！那么，希腊在哪里？"苏格拉底又问。

学生好不容易在地图上找出一小块儿来，但和亚细亚相比，实在是太微小了。

"雅典在哪里？"苏格拉底又问。

"雅典，这个更小了，好像是在这儿。"学生指着一个小点儿说着。

最后，苏格拉底看着他说："现在，请你指给我看，你那块广大的田地在哪里呢？"

学生忙得满头大汗也找不到了，他家的田地在地图上连个影子也没有。

他很尴尬地回答道："对不起，我找不到！"

与整个大自然的资源相比，个人所能拥有的土地和财富实在是微不足道的；与辽阔而永恒的天地相比，再伟大的个人也犹如沧海一粟。因此，无论我们拥有多少财富与成就，都应该持有一颗宽广而谦逊的心。

谦逊不仅是一种修养，也是一种美德，更是一种境界，甚至是一种成功的要诀。因为谦和、温恭的态度，常常会使别人难以拒绝你的要求，这也是获得成功的开头。

智慧心语：

骄傲自满是我们的一座可怕的陷阱；而且，这个陷阱是我们自己亲手挖掘的。

——老舍

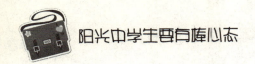

跪下身来，让你更受尊敬

因为谦虚谨慎的品格，能使一个人面对成功、荣誉时不骄傲，并能把它们视为一种激励自己继续前进的力量，而不会陷在喜悦中不能自拔。

玛莉亚是一名热爱美术的英国姑娘。一年夏天，她和两位伙伴到瑞士度假。一天，她们到日内瓦湖边写生，只见一个人正在湖边专心致志地作画。她们高兴地凑过去，在一旁指手画脚地批评起那人的画来，一个说这儿不好，一个说那儿不对。那个人都耐心地一一修改了过来，末了还跟她们说了声"谢谢"。

第二天，玛莉亚在新闻上看到，法国名画家贝罗尼当时正在瑞士，而且就住在她们下榻的宾馆。三个人十分欣赏贝罗尼的作品，便相约去拜访贝罗尼。谁知她们来到报纸上写的房间，见到的居然是昨天在湖边碰到的那名男子。

玛莉亚便礼貌地和他打了招呼，问他："先生，我们听说大画家贝罗尼正在这儿度假，所以特地来拜访他。请问你知不知道他现在在什么地方？"

只见那名男子朝她们微微弯腰，回答说："不敢当，我就是贝罗尼。"

三个姑娘大吃一惊，想起昨天的不礼貌，一个个脸色羞红……

贝罗尼受到人们尊敬，不仅是因为他拥有广博的知识、高超的技能、卓越的智慧，更重要的是他拥有谦逊的品质。不管一个人拥有多高的智慧，如果他没有谦虚的品格，就不可能取得灿烂夺目的成就。

与整个大自然的资源相比，个人所能拥有的土地和财富实在是微不足道的；与辽阔而永恒的天地相比，再伟大的个人也犹如沧海一粟。因此，无论我们拥有多少财富与成就，都应该持有一颗宽广而谦逊的心。

谦逊不仅是一种修养，也是一种美德，更是一种境界，甚至是一种成功的要诀。因为谦和、温恭的态度，常常会使别人难以拒绝你的要求，这也是获得成功的开头。

智慧心语：

骄傲自满是我们的一座可怕的陷阱；而且，这个陷阱是我们自己亲手挖掘的。

——老舍

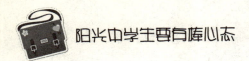

躬下身来，让你更受尊敬

因为谦虚谨慎的品格，能使一个人面对成功、荣誉时不骄傲，并能把它们视为一种激励自己继续前进的力量，而不会陷在喜悦中不能自拔。

玛莉亚是一名热爱美术的英国姑娘。一年夏天，她和两位伙伴到瑞士度假。一天，她们到日内瓦湖边写生，只见一个人正在湖边专心致志地作画。她们高兴地凑过去，在一旁指手画脚地批评起那人的画来，一个说这儿不好，一个说那儿不对。那个人都耐心地一一修改了过来，末了还跟她们说了声"谢谢"。

第二天，玛莉亚在新闻上看到，法国名画家贝罗尼当时正在瑞士，而且就住在她们下榻的宾馆。三个人十分欣赏贝罗尼的作品，便相约去拜访贝罗尼。谁知她们来到报纸上写的房间，见到的居然是昨天在湖边碰到的那名男子。

玛莉亚便礼貌地和他打了招呼，问他："先生，我们听说大画家贝罗尼正在这儿度假，所以特地来拜访他。请问你知不知道他现在在什么地方？"

只见那名男子朝她们微微弯腰，回答说："不敢当，我就是贝罗尼。"

三个姑娘大吃一惊，想起昨天的不礼貌，一个个脸色羞红……

贝罗尼受到人们尊敬，不仅是因为他拥有广博的知识、高超的技能、卓越的智慧，更重要的是他拥有谦逊的品质。不管一个人拥有多高的智慧，如果他没有谦虚的品格，就不可能取得灿烂夺目的成就。

生活中，如果我们想拥有谦虚的态度，就应该注意以下几点：

1. 不懂的问题承认不懂，不要不懂装懂。

2. 不夸大自己所做的事情，即使成功了也不要得意忘形。

3. 多学习新事物，时时向别人学习。

4. 人际交流中注意自己言行，不自吹自擂，不轻视别人。

5. 培养良好的性格，对人尽量谦恭有礼。

智慧心语：

不管我们的成绩有多么大，我们仍然应该清醒地估计敌人的力量，提高警惕，决不容许在自己的队伍中有骄傲自大、安然自得和疏忽大意的情绪。

——斯大林

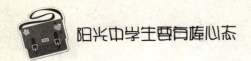

坦诚令沟通变得容易

高一·三班的李岩和余俊两个同学都是集邮爱好者。一天,李岩把集邮册借给了余俊。第二天,何明来到余俊家,声称李岩让他来取集邮册。一周后,当李岩向余俊要集邮册时才发现,集邮册被何明拿走了。李岩误认为是余俊把自己的集邮册转借给何明。当余俊把集邮册从何明手里要回交还给李岩的时候,李岩又发现缺了一枚"杭州西湖"小型张邮票。李岩很生气,从此之后再也不理余俊了。

余俊十分苦恼,但他决心与李岩和好。一天傍晚,余俊又来到李岩家,不管李岩多么冷淡,余俊都不肯走,并一五一十地把何明怎样拿走集邮册的事如实地向李岩讲了,又把自己那枚"杭州西湖"的邮票送给了李岩。

李岩被他那番诚实的话打动了,在谢绝接受余俊的邮票同时,两位朋友的手又在微笑中紧紧地握在一起了。

同学间出现了矛盾，产生了分歧，并影响了彼此团结，有时原因并不在己方。但是，为了争取早日与同学和好，就要高标准要求自己，以坦诚、宽宏的态度取得同伴的谅解。

再者，要和同学以诚相见，要讲实话，道真情，切忌用花言巧语来欺骗对方，这样才能做到两心相印，消除与同学间的隔阂。

智慧心语：

勉强应允不如坦诚拒绝。

——雨果

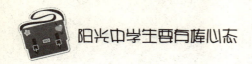

心态法则 马蝇法则：
把对手当成你的动力之源

没有马蝇叮咬，马步履缓慢，走走停停；有了马蝇叮咬，马不敢怠慢，跑得飞快。这就是马蝇法则。

一个人、一个组织、一个企业、一个国家，只有被叮咬着，才不敢松懈，才会努力拼搏，不断进步。

✳ 有压力，才会有动力

1860 年林肯顺利地在美国总统大选中胜出，当选为总统。就任后，他任命参议员萨蒙·蔡斯为财政部部长。当时有许多人反对他的这一任命，因为蔡斯虽然能干，但为人狂妄自大，十分不讨人喜欢。蔡斯也参加了总统大选，在大选中输给林肯，但是他始终认为自己比林肯要强得多，不是很顺从林肯的领导。

当朋友不解地问起这件事时，林肯讲了这样一个故事："我想每一个在农村长大的朋友一定知道什么是马蝇。有一次，我和我的兄弟在肯塔基老家的一个农场犁玉米地，一个吆马，一个扶犁。刚开始马很懒，总也不愿意动，可是过了一会儿，它却在地上跑得飞快，连我这双长腿都跟不上。等马跑到了地头，我才发现，原来有一只很大的马蝇叮在马身上，我不忍心看着这匹马被咬得生疼，就随手把马蝇打落了。我兄弟却埋怨我，并告诉我，正是有了马蝇的叮咬，才使马跑得快。"

然后，林肯解释道："如果现在有一只叫'蔡斯'的强有力的马蝇正在叮咬我们的阵营，我们不仅不应该打落他，更应该感谢他，因为正是有了他的威胁，我们才会努力地跑。"

"马蝇法则"由著名的美国总统林肯提出，成为了个人成功的重要法则。从科学的角度来说，马蝇法则和达尔文生物进化论的观点相一致：在自然界中，到处存在着一种竞争法则，在这种竞争法则的作用下，这个世界才

显得生机勃勃。如果一个物种失去了竞争，这一物种就会失去活力，死气沉沉而陷入灭种的边缘。

✱ 把对手当成你的动力之源

有位动物学家对生活在非洲奥兰治河两岸的动物进行考察，发现了一个奇怪的现象：生活在河东岸的羚羊繁殖能力比生活在西岸的羚羊强，并且两岸羚羊的奔跑能力也大不一样，东岸羚羊奔跑速度每分钟要比西岸的羚羊快13米。经过深入研究，这个谜底终于被揭开：东岸的羚羊之所以强健，是因为它们附近生活着一个狼群，为了生存，它们天天生活在一种"竞争氛围"中，因而越活越有战斗力；而西岸的羚羊之所以脆弱，恰恰是因为它们缺少天敌，没有生存的压力。

许多人都把对手视为心腹大患，是异己，是眼中钉、肉中刺，恨不得马上除之而后快。其实，只要反过来仔细一想，便会发现，拥有一个强劲的对手，反倒是一种福分，一种造化。因为一个强劲的对手，会让你时刻有种危机四伏的感觉，会激起你的强烈斗志。

✱ 感谢你的对手

在实际应用中，你不难发现，"马蝇"是个体和群体前进的"助推器"：

一个人只有被另一个人追着赶着，他才不敢松懈，才会努力拼搏，不断进步，并在前进的道路上严于律己，不犯错误。

一个团队只有被另一个团队追着赶着，这个团队才能团结一致，形成合力，并在团队与团队的竞争中处于优势地位。

一个国家只有被另一个国家或者被若干个敌视自己的国家追着赶着，这个国家的人民才会居安思危，加强经济和国防建设，努力增强自己国家的综合国力，时刻保持清醒的头脑，应付别国的挑战、竞争，使自己的国家永远立于不败之地。

感激你的对手吧，千万别把他当成"敌人"，而应该把他当做是正在叮你的"马蝇"。他会让你一刻都不能懈怠，充满激情，不断进取。

5 调整心态，
挣脱消极心态的束缚

我终于看到
所有梦想都开花
追逐的年轻
歌声多嘹亮
我终于翱翔
用心凝望不害怕
哪里会有风
就飞多远吧

——《隐形的翅膀》张韶涵

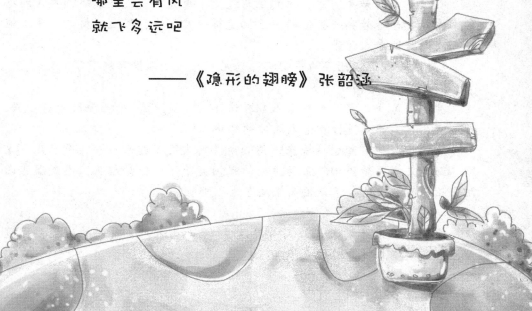

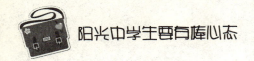

松一松那根紧张的弦

一位满脸愁容的生意人来到智慧老人的面前。

"先生，我急需您的帮助。虽然我很富有，但人人都对我横眉冷对。生活真像一场充斥尔虞我诈的厮杀。"

"那你就结束厮杀呗。"老人答复他。

生意人对这样的告诫感到很不满意，他带着失望离开了。在接下来的几个月里，他的情绪变得糟糕透了，与身边每一个人争吵斗殴，和认识的每一个人产生了嫌隙，他因此结下了不少冤家。一年以后，生意人变得心力交瘁，再也无力与人一争长短了。

"唉，先生，现在我不想跟人家斗了。但是，生活还是如此繁重——它真是一副重重的担子呀。"生意人又一次来找智慧老人，诉说自己的痛苦。

"那你就把担子卸掉呗。"老人回答。

生意人对老人的回答感到很气愤，怒气冲冲地走了。

在接下来的一年当中，他的生意遭受了重大挫折，并最终损失了所有的家当。妻子带着孩子离他而去，他变得一贫如洗，孤立无援。于是，他再一次向这位老人讨教。

"先生，我现在已经两手空空，一无所有，生涯里只剩下了悲伤。"

"那就不要悲伤呗。"

生意人似乎已经预料到老人会有这样的答复。这一次，他既没有扫兴，也没有生气，而是选择在老人居住的那座山脚下定居。

有一天，他突然悲从中来，伤心地号啕大哭了起来——几天，几个星期，乃至几个月地流泪。最后，他的眼泪哭干了。他抬起头，早晨温煦的阳光正普照着大地。于是他又来到了老人那里。

"先生，生活到底是什么呢？"

老人抬头看了看天，微笑着答复道："一觉醒来又是新的一天，你没看见那每天都照常升起的太阳吗？"

什么才是生活？当你清晨醒来，推开窗，呼吸着新鲜的空气；当你每天看着太阳从东方升起。这就是生活，生活其实很简单。

但是，我们又不得不承认，现代生活的一个最大特点就是高速性，由于生活节奏大大地加快，人们的心理节奏也日趋紧张，精神负荷日益加重，很容易产生悲观焦虑等反应。

然而，恰恰是我们把生活看得太现实、太残酷，所以我们不停地赶路，却没有时间和精力品味真正的生活。在不可避免的快节奏生活中，如何摆脱和控制紧张情绪，这对每一个人来说都是十分重要的。这就要求我们拥有乐观的情绪和开阔的心胸；更重要的是通过主观努力，加强控制和调整自己的学习、生活节律，改变不良生活习惯，在快中求慢，紧张中求松弛，保持劳逸结合的生存态度。

智慧心语：

有恬静的心灵就等于把握住心灵的全部；有稳定的精神就等于能指挥自己！

——米贝尔

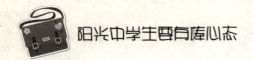

心无旁骛才能苦尽甘来

专注是一种至高的境界，是心无旁骛地做一件事情。要做到专注，你必须集中你的精神能量，定位在某一想法上，排除一切杂念的干扰去实现这个想法。

勒韦的故事说明了"专注"的重要性。

勒韦于1873年出生于德国法兰克福的一个犹太人家庭，他从小就喜欢艺术，在绘画和音乐方面表现出色。勒韦的父母对犹太人所受的各种歧视和迫害感到心有余悸，不断敦促儿子不要学习和从事那些涉及意识形态的行业，而要他专攻一门科学技术。勒韦的父母认为，学好数理化，走遍天下都不怕。

在父母的教育下，勒韦放弃了自己原来的爱好和专长，进入施特拉斯堡大学医学院学习。

勒韦是一位勤奋志坚的学生，他不怕从头学起，他相信全力以赴，必定会取得成功。带着这种心态，他开始专心致志学习医学课程。他在医学院攻读时，被导师的学识和钻研精神所吸引——导师淄宁教授是著名的内科医生。勒韦在这位教授的指导下，学业进展很快，并深深体会到自己在医学上也有施展才华的天地。

勒韦从医学院毕业后，先后在欧洲及美国一些大学从事医学研究，在药理学方面取得较大进展。由于他在学术上的成就显著，奥地利的格拉茨大学于1921年聘请他为药理教授，专门从事教学和研究。在那里，他开始了神经学的研究，通过"青蛙迷走神经"的试验，第一次证明了某些神经合成的化学物质可将刺激从一个神经细胞传至另一个细胞，又可将刺激从神经元传到应答器官。勒韦把这种化学物质称为乙醚胆碱。1929年，他又从动物组织分离出了乙醚胆碱。勒韦对化学传递的研究成果对药理学及医学作出了重大贡献。因此，1936年，他获得了诺贝尔生理学及医学奖。

后来，勒韦受聘于纽约大学医学院，开始了对糖尿病、肾上腺素的专

门研究。勒韦对每一项新的科研都能专注于一。不久，他在这几个项目的研究上都获得新的突破，特别是设计出了检测胰脏疾病的"勒韦氏检验法"，再次对人类医学作出了贡献。

勒韦的成功说明，努力和专注可能帮一个人成就不凡的事业。当然，一个人光努力还不够，必须兼具高远志向和实现目标的毅力。

一个人不能骑两匹马，骑上这匹，就要丢掉那匹。勒韦因为医学而放弃了艺术，但在他的专注研究之下，依然事业有成。所以说，聪明人会把分散精力的事情置之度外，只专心致志地去做一件事。并且，做一件事就要把它做好做精。

智慧心语：

专注、热爱、全心贯注于你所期望的事物上，必有收获。
——爱默生

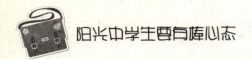

把挫折看做一种投资

有一个博学的人遇见上帝，他生气地问上帝："我是个博学的人，为什么你不给我成名的机会呢？"

上帝无奈地回答："你虽然博学，但样样都只学会了一点儿，不够深入，用什么去成名呢？"

那个人听后，便开始苦练钢琴，后来虽然弹得一手好琴，却还是没有出名。他又去问上帝："上帝啊，我已经精通了钢琴，为什么您还不给我机会让我出名呢？"

上帝摇摇头说："并不是我不给你机会，而是你抓不住机会。第一次我暗中帮助你去参加钢琴比赛，你缺乏信心；第二次你则缺乏勇气，又怎么能怪我呢？"

那人听完上帝的话，又苦练数年，建立了自信心，并且鼓足了勇气去参加比赛。他弹得非常出色，却由于裁判的不公正而被别人占去了成名的机会。

那个人心灰意冷地对上帝说："上帝，这一次我已经尽力了，看来上天注定我不会出名了。"

上帝微笑着对他说："其实你已经快成功了，只需最后一跃。"

"最后一跃？"他瞪大了双眼。

上帝点点头说："你已经得到了成功的入场券——挫折。现在你得到了它，成功便成为挫折给你的礼物。"

这一次，那个人牢牢记住上帝的话，在第四次钢琴比赛中，他以娴熟的技艺、优美的音色打动了在场所有的人，当然包括评委，终于获得了第一名，他成功了。

每个人都有自己的理想和抱负。但是，在现实的社会生活中，不可能事事如愿，谁都会遇到挫折。在人生的道路上，遭遇挫折在所难免，就看你能不能战胜它。战胜了，你就是英雄，就是生活的强者。

智慧心语：

对勇气的最大考验，就是看一个人能否做到败而不馁。

——英格索尔

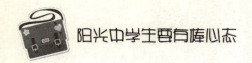

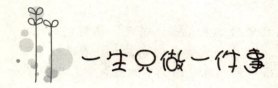
一生只做一件事

有一位女作家被邀请参加笔会，坐在她身边的是一位年轻的匈牙利作家。

女作家衣着简朴，沉默寡言，态度谦虚。男作家不知道她是谁，他认为她只是一位不入流的作家而已。

于是，他有了一种居高临下的心态。

"请问小姐，你是专业作家吗？"

"是的，先生。"

"那么，你有什么大作发表呢？是否能让我拜读一两部？"

"我只是写写小说而已，谈不上什么大作。"

男作家更加证明自己的判断了。

他说："你也是写小说的，那么我们算是同行了，我已经出版了339部小说了，请问你出版了几部？"

"我只写了一部。"

男作家有些鄙夷，问："噢，你只写了一部小说。那能否告诉我这本小说叫什么名字？"。

"《飘》。"女作家平静地说。那位狂妄的男作家顿时目瞪口呆。

女作家的名字叫玛格丽特·米切尔，她的一生只写了一本小说。现在，我们都知道她的名字。而那位自称出版了339部小说的作家的名字，已经无从考查了。

一个人一生可做的事情很多，但世上不知多少聪明人，一生没有做好一件事。有太多目标的人最终迷失在自己的欲望里。

很多事情本身并不难做，也不是人们不会做，但许多人就是做不好，原因何在？就是因为不够专注。只有专注才能专业，只有专注才能造就成功。如果一个人做到了一生只做一件事，但如果做那件事只是流于形式，每天重复着同样的工作而不思进取，不去钻研学习，不去创新的话，那么就算他做到了一生只做一件事，那这件事也是同样做不好的。

智慧心语：

我不比别人聪明多少，我之所以能够走到其他人的前面，不过是我认准了一生只做一件事，而且把这件事做得更完美而已。

——比尔·盖茨

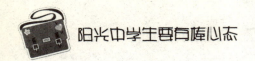

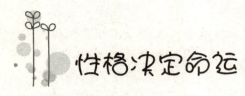

性格决定命运

"性格即命运",这绝对是一句发人深省的至理名言。

有一位美国记者采访晚年的投资银行一代宗师J.P.摩根,问他说:"决定你成功的条件是什么?"

老摩根毫不掩饰地说:"性格。"

记者又问:"资本和资金何者更为重要?"

老摩根一语中的答道:"资本比资金重要,但最重要的还是性格。"

确实,翻开摩根的奋斗史,无论是他成功地在欧洲发行美国公债,采纳无名小卒的建议大搞钢铁托拉斯计划,还是力排众议、冒着生命危险推行全国铁路联合,都是由于他倔犟和敢于创新的性格。如果排除他的性格条件,恐怕有再多的资本,他也无法开创投资银行这一伟大的事业。由此可见,性格对人类命运的影响之深。

1998年5月,华盛顿大学350名学生有幸请来世界巨富沃沦·巴菲特和盖茨演讲,当学生们问道:"你们怎么变得比上帝还富有?"

这是一个有趣的问题。巴菲特回答说:"这个问题非常简单,原因不在智商。为什么聪明人会做一些阻碍自己发挥全部工效的事情呢?原因在于习惯、性格和脾气。"

在他身旁的比尔·盖茨表示十分的赞同,他说:"我认为沃沦关于习惯的话完全正确。"

无论是在工作还是在生活中,性格对命运的影响至关重要,性格好比是水泥柱子中的钢筋铁骨:在它的支撑下,才有可能搭建成功这座雄伟的大厦。

性格中各种各样的因素对人都有深刻的影响。当然，性格还包含脾气和习惯。好的脾气是需要从小养成的，好的习惯也需要日常的训练。做为青年人，要正视自己的生活和现状，找到自己的人生目标和价值，从而改善行为、习惯，甚至性格。这样，性格和命运才能互相推动，督促人积极向上。

智慧心语：

习惯形成性格，性格决定命运。

——约·凯恩斯

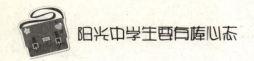

控制自己的逆反心理

张晓升初三了，学习越来越紧张。在学校里，老师不停地告诉学生们，最后这一年至关重要，考不上重点高中，将来考进优秀大学的希望很渺茫。在家里，父母也把张晓管得死死的，令张晓除了睡眠时间以外，都在埋头学习。

某天，在学校里，老师讲了大量的知识之后，布置了很多作业让学生们回家去做。张晓回到了家里，放下书包，洗完手之后，觉得很累，想放松一下。她心想，偶尔纵容一下自己不算什么吧？就去冰箱拿了几个水果出来，趁爸爸妈妈不在家，打开了电视观看。

张晓看似轻闲地吃着水果，看着电视，可是她的心里却在挣扎，因为马上就要考试了，其他同学都在用功，自己却在玩，实在不是一个学生该做的。她感到有无数双眼睛在盯着自己，休息一会儿也是如坐针毡。

水果吃完了，张晓闭着眼睛听了几首歌。过了一会儿，她准备关掉电视机，回房间去写作业。就在这时，张晓的妈妈回家了。

"你不是马上要考试了，还坐这里看电视，快去写作业。"妈妈看到张晓竟然在玩，不禁生气地说道。张晓一听，刚站起来的身子又坐下了，并且躺在沙发上，拿着遥控器对着电视机不停地按，心理烦躁不已，越来越不想学习了。

人在特定时期都会产生轻微的逆反心理，但是任由这种情绪发展下去，对于人的性格形成极为不利。因为逆反是一种单向、偏激的思维习惯，很多时候"反着来"并不是处理问题的方式，而是为了跟别人作对，实则对自己并没有好处。逆反心理使人无法客观地、准确地看清事物的本来面目，令人采取错误的方法和途径去解决所面临的问题，很容易对个人以后的发展造成不良的影响。

智慧心语：

如果你陷入困境，那不是你父母的过错，不要将你理应承担的责任转嫁给他人，而要学着从中吸取教训。

——比尔·盖茨

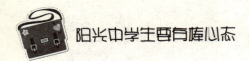

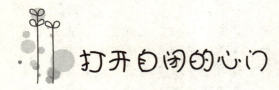

打开自闭的心门

　　毛晓丽在进高中之前，一直是被同龄人艳羡的对象。她聪明、漂亮、性格活泼，家境也很好，是重点中学的"尖子生"。老师和父母都对她寄予厚望，希望她将来能够进名牌大学，晓丽的爸爸更是希望女儿出国留学，考入哈佛、剑桥等世界一流大学。

　　毛晓丽深知家人和老师对自己寄予的期望甚高，但是，有时候，她有些害怕达不到父母的期望。

　　初中毕业之后，灾难来了。所有的人都没有想到，毛晓丽居然没有考上重点高中。父母和老师都不敢信，轮番找她谈话，面对大人的问话，毛晓丽除了哭，什么都不说。

　　爸爸无奈之下，花了一笔钱将毛晓丽送入了重点高中。毛晓丽是一个骄傲的孩子，对于花钱进重点学校这件事耿耿于怀。于是，毛晓丽拼命学习，希望重新成为优秀学生。

　　可是，随着时间的推移，毛晓丽的成绩越来越差，爸爸妈妈的脸色也越来越难看，老师亦不再理她这个"平凡"的学生。失去了被人期待"光环"的毛晓丽深深地感到身边没有一个人关心她。慢慢地，她认为周围的人看自己的眼光也不一样了，大家好像都在说："看，她就是花钱进高中的那个人。"

　　毛晓丽越来越不想去上学了，也越来越不爱说话了，爸爸妈妈对她的反常并没有在意。过了不久，老师打电话告诉毛晓丽的爸爸妈妈，他们的女儿性格出现了问题，他们才知道问题的严重性。爸爸敲开了毛晓丽的房门，仔细地观察女儿，才发现她双目无神，行动也迟缓了很多，整个人有气无力的……

阳光中学生要有棒心态

不管在成长的道路上遭遇到什么事情，自我封闭都是于事无补的。要知道，世界上并没有救世主，只有你才能拯救自己。不管在何等境遇下，都要时刻反省自己的内心，不让那些负面的思想在脑海中生根，勇敢地把自己的心放在太阳下，接受阳光的照耀。

智慧心语：

孤独，是忧愁的伴侣，也是精神活动的密友。

——纪伯伦

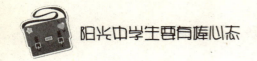

风中亮出自己的旗

19 岁那年，吴远从一个穷山沟里考进了 S 市某享有盛名的大学。这所大学每年的新生开学典礼上都会有品学兼优的新生代表致辞，吴远有幸获此殊荣。

临迈上大礼堂的红地毯时，吴远一下子犹豫了。他突然想起自己脚上正穿着一双不合时宜的灰布鞋。他很快便感到自身的卑微和渺小，不想因为一双布鞋而遭人耻笑。

他徘徊着，始终没有勇气踏上那块红地毯。这时，一位老教授走了过来，细细打量他一番，问："你是刚来的新生？"

"是的。"

"那你为什么不进去参加开学典礼？"

"……"他羞红了脸，低头盯着自己的灰布鞋，半晌无语。

老人明白了，一字一顿地说："衣着华丽的人不见得是精神上的富翁。如果你过于注重鞋的质地，便注定你在成功的路上走得不会太远。记住，在这所大学里只有脚踏实地努力，才能赢得做人的尊严。"

一股暖流迅速涌遍吴远的全身，他终于鼓足勇气昂首挺胸地走向了主席台。他的精彩致辞赢得了台下如潮般的掌声。

吴远从此记住了老教授的话，在以后的日子里，再也未因一双布鞋而怯懦、羞惭过，更没有因自己出身卑微而放弃努力学习。几年后，他成了老教授的得意门生，后来被选派公费出国深造。

是啊，我们不必苛求自己穿什么样的鞋上路，也不必怯懦，要知道，征服长路的是你的脚，而不是鞋。只要事事尽心、步步踏实，你便会赢得别人最诚恳的尊重。

有人说，世界上最难战胜的是自己。事实上，这句话是送给怯懦者的。怯懦的人首先需要征服的不是这个世界，而是自己的内心。只有战胜了自己的恐惧和懦弱，才能在这个世界上站立起来，继而谈追求，谈理想。

怯懦大多是对别人感到害怕。然而，人是社会的动物，不与他人打交道，永远也不可能获得自信，因此，首先要训练自己与人接触的勇气，不要封闭自己。

智慧心语：

在我们看来，身亡并不是死，胆怯才是真正的死。

——西摩尼得斯

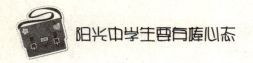

聪明的选择决定优质的生活

聪明地选择一次，胜过愚蠢地选择一千次。犹太人被认为是世界上最聪明的人，看看世界上最聪明的人在面对选项时是如何抉择的。

一个美国人、一个法国人和一个犹太人因为犯了罪被关进监狱，他们将面临三年的牢狱生活。和蔼的监狱长允许他们每人提出一个合理要求。

美国人爱抽雪茄，于是他提出要三箱雪茄。法国人爱浪漫，他提出要一个美丽的女子相伴。而犹太人说，他只要一部与外界沟通的电话就够了。

监狱长满足了他们的要求。

三年过后，第一个从监狱门里冲出来的是美国人，他嘴里、鼻孔里塞的全是雪茄。他大声地喊道："给我火，给我火！"原来三年前他忘了要火了。

接着出来的是法国人。只见他手里抱着一个小孩子；美丽女子手里牵着一个小孩子，肚子里还怀着第三个。

最后出来的是犹太人。他出来后没有着急回家，而是紧紧握住监狱长的手说："这三年来我每天与外界联系，我的生意不但没有停顿，反而增长了200％。为了表示感谢，我送你一辆劳斯莱斯！"

这个故事告诉我们：聪明的选择可以为我们带来优质的生活。我们今天的生活是由三年前我们的选择决定的，而我们今天的抉择将决定我们三年后的生活。为了让我们未来的生活质量更高一点，先让我们的选择更聪明一点吧！

人的面前只有一条路时，往往知道自己应该怎么走；人的面前有很多条路时，则往往容易迷失方向。人生的选择就像做考试题，单选其实比多选更容易。不同的人选择不同的人生观，有了自己的人生观，生活在这个广袤的世界上就不会像无头的苍蝇。选择了自己的人生，就选择了自己的命运。

一旦你树立了正确的人生观，在正确人生观的基础之上生活你将无悔于自己的一生。

智慧心语：

这世界是一面镜子，每个人都可以在里面看见自己的影子。你对它皱眉，它给你一副尖酸的嘴脸。你对着它笑，跟着欢乐，它就是个高兴和善的伴侣；所以，年轻人必须在这两条道路里面自己选择。

——萨克雷

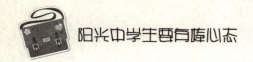

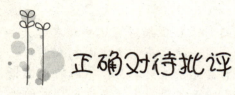

正确对待批评

《伊索寓言》中有一则《倔驴》的故事。有一头驴，从来不照主人吩咐的去做。主人要它往左边走，它偏往右边走；主人要它往右边走，它偏往左边拉。有一天，主人拉着这头驴沿着弯弯曲曲的小路向高山走去。驴不想走主人带它走的这条路，就向路边走去。其实那里是陡峭的山崖。驴眼看就要从山崖边上一头栽下去了，主人一把揪住驴尾巴。

"回来，你这蠢驴。"主人说着，拽住它的尾巴，往山坡的小道上拉，"往这边走，不然，你就要摔下去了。"

"往这边走，往这边走，"驴顽固地说，想从主人的手中挣脱，"我就不想走那边嘛。"

驴拉的劲儿太大，主人拉不住，只好松了手。只见那驴大叫一声，从悬崖上冲了下去。

结局不言而明。一味地固执己见，坚持自己的错误，就会像"倔驴"那样粉身碎骨。

有一个罪犯，因盗窃被判了刑，究其根源不过是在上中学时偷了商店的一捆大葱，而拒绝老师的帮助，结果在错误的道路上越走越远。假如当初他能改正自己的错误，哪会有现在的下场呢？看来，"良药苦口利于病，忠言逆耳利于行"果然是至理名言。

古人云："人谁无过，过而能改，善莫大焉。"古人把能改正错误，看做是一个人做的善事中最大的一件，足见"知错能改"的重要性。如今有不少学生都有一个特点：虚心接受批评，但坚决不改。其实，"虚心接受批评"对于一个人的影响并不大，有志者应该在"改"字上下功夫。

智慧心语：

真理喜欢批评，因为经过批评，真理就会取胜；谬误害怕批评，因为经过批评，谬误就要失败。

——狄德罗

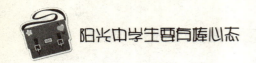

嫉妒别人是承认自己差劲

在远古时代，摩伽陀国有一位国王饲养了一群象。象群中，有一头象长得很特殊，它全身白皙，毛柔细光滑。后来，国王将这头象交给一位驯象师照顾。这头白象十分聪明、善解人意，过了一段时间之后，驯象师与象已建立了良好的默契。

有一年，这个国家举行一个大庆典。国王打算骑白象去观礼。于是，驯象师将白象清洗、装扮了一番，在它的背上披上一条白毯子后，才交给国王。

国王在官员的陪同下，骑着白象进城看庆典。由于这头白象实在太漂亮了，民众都围拢过来，一边赞叹、一边高喊着："象王！象王！"骑在象背上的国王觉得自己所有的光彩都被这头白象抢走了，十分生气和嫉妒。他很快地在庆典绕了一圈后，就不悦地返回王宫。一入王宫，他问驯象师："这头白象，有没有什么特殊的技艺？"驯象师问国王："不知道国王您指的是哪方面？"国王说："它能不能在悬崖边展现它的技艺呢？"驯象师说："应该可以。"国王继续说："那明天就让它在波罗奈国和摩伽陀国相邻的悬崖上表演。"

隔天，驯象师依约把白象带到那处悬崖。国王说："这头白象能以三只脚站立在悬崖边吗？"驯象师说："这简单。"他骑上象背，对白象说："来，用三只脚站立。"果然，白象立刻就缩起一只脚。

国王又说："它能两脚悬空，只用两脚站立吗？"

"可以。"驯象师就叫白象缩起两脚，它很听话地照做。

国王接着又说："它能不能三脚悬空，只用一脚站立？"

驯象师一听，明白国王存心要置白象于死地，就对白象说："你这次要小心一点，缩起三只脚，用一只脚站立。"白象也很谨慎地照做。围观的民众看了，热烈地为白象鼓掌、喝彩！

国王愈看，心里愈不平衡，就对驯象师说："它能把后脚也缩起，全

身悬空吗？"

这时，驯象师悄悄地对白象说："国王存心要你的命，我们在这里会很危险，你就腾空飞到对面的悬崖吧？"不可思议的是，这头白象竟然真的把后脚悬空，飞了起来，载着驯象师飞越悬崖，进入波罗奈国。

波罗奈国的人民看到白象飞来，全城都欢呼起来。波罗奈国国王很高兴地问驯象师："你从哪儿来？为何会骑着白象来到我的国家？"驯象师便将经过告诉波罗奈国王。波罗奈国王听完之后，叹道："人为何要嫉妒一头象呢？"

人生在世，一定要有一颗平静和睦的心，切不可心怀嫉妒。别人有所成就，我们不要心存嫉妒，应该要平静地看待别人所取得的成功，这是拥有幸福人生的秘诀。

智慧心语：

　　嫉妒是一种恨，此种恨使人对他人的幸福感到痛苦，对他人的灾殃感到快乐。

——斯宾诺莎

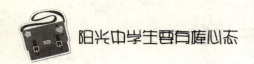

心态法则 蜕皮效应：
超越自己才能不断成长

许多节肢动物和爬行动物在生长期间会将旧的表皮脱落，长出新的表皮来。通常这些动物每蜕皮一次就长大一些。比如，蛇只有经过一次次蜕皮才能够成长。同样，人也必须经历不断的自我否定才能够进步。墨守成规、满足现状只会导致一个人越来越故步自封，最终难逃被淘汰的命运。

逆境和痛苦能帮助人不断战胜自我，成长起来。面对挫折，面对沮丧，我们需要坚持。即使看不见光明、希望，却仍然坚韧地奋斗着，这才是成功者的素质。只有这样，我们才能超越自己，成就自己。

✳ 不断超越自己，你终能取得成功

很多年前，当记者问球星贝利，他的哪个球踢得最好，贝利意味深长地回答："下一个。"也正因为他对自己永不满足，球艺才不断提高，才塑造出了自己在球迷中的形象。

进步是循环往复的，也是永无止境的。正像动物蜕皮一样。

蜕皮是一个痛苦的过程，把原有的皮蜕掉，本身就是疼痛难忍的。动物在新皮长出来之前，往往还要面临着行动不便、无法捕食的危险，甚至无法抵御天敌的侵袭。因此，每一次蜕皮，对动物来说都是一次生与死的考验。但是经过蜕皮的痛苦过程之后，换来的是新生，得到的是更强壮、更成熟的生命。

这就是蜕皮效应：满足现状、往往只会故步自封；只有首先超越自己，才能不断成长成熟。

✳ 不安于现状，才能化蛹为蝶

积极的成功者永远是不安分的，因为他们永远不会停止前进的脚步，

每时每刻都在追求更高、更强、更好。

满足于现状的心态是我们成功路上最大的障碍。满足于现状会使人变得没有信心，认为创造、革新或者成功都与自己没有关系；满足于现状，会分散你的注意力，埋没你的才华。

一个国王添了一个可爱、漂亮的王子。在孩子受洗礼那一天，有12个仙女前来祝贺，每一个仙女都带来一样珍贵的礼物：第1个仙女带来的是智慧；第2个仙女带来的是高贵；第3个仙女赐予小王子力量；还有健康、财富、英俊、知识……

到了第12个仙女时，国王愣住了，她带来的竟然是"不满"。

国王很生气：我是国王，我的儿子什么都不缺少，要什么有什么，怎么能够让他有不满呢？于是，国王毫不犹豫地拒绝了第12个仙女的礼物。仙女很遗憾，但是什么也没说就走了。

随着岁月的流逝，王子日渐年长，并继承了父亲的王位。他英俊健壮、性情随和、博学多才。但是，在他的心里，却没有那种因为不满足而产生追求未来的雄心大志，没有因为不满足而产生建功立业的抱负。王子对已经拥有的任何事物都满意——豪华的宫殿、漂亮的衣服、温柔的王妃等，还有那班每天按时按点向他例行公事汇报工作的大臣们。王子丝毫没感到不满。他从来都不想改革创新，久而久之，因为他每天都活在志得意满的状态中，大臣们也都变得不思进取了。最后，王子的国家落后了、穷困了，不久就被邻国吞并了。

一条蛇如果不舍得蜕去原有的皮，那么它永远也长不大，只会被淘汰；一个人即使目前境遇很不错，对眼前的事情都能应付得来，但是他从不追求进步，迟早有一天他会被社会抛弃。不要幻想着你可以永远保持目前的状况。

事实上，"不满"也是一份很好的礼物。唯有不满足于现状，才有变革的动力；唯有不满足于已有的成就，才有更上一层楼的抱负。生于忧患，死于安乐。满足，只能让人走进消沉的深渊，只能让人一蹶不振，只能让人在生命向前发展的轨迹里慢慢沉沦。

✦ 适应环境才能改变环境

有一个人总是落魄不得志，便有人劝他去找智者谈谈。

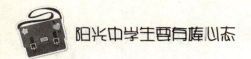

　　这个人苦苦寻觅，终于找到智者，便向对方说了自己的遭遇。智者深思良久，默然舀起一瓢水，然后问："这水是什么形状？"没等这人回答，智者又把水倒入杯子。这时，这人恍然大悟："我知道了，水的形状像杯子。"

　　智者无语，把杯子中的水倒入旁边的花瓶。这人悟道："我知道了，水的形状像花瓶。"智者摇头，轻轻端起花瓶，把水倒入一个盛满沙土的盆。清清的水便一下融入沙土不见了。

　　此时，这个人陷入了沉默与思索。

　　智者弯腰抓起一把沙土，叹道："看，水就这么消逝了，这也是一生！"

　　这个人对智者的话咀嚼良久，高兴地说："我知道了，您是通过水告诉我，社会处处像一个个规则的容器，人应该像水一样，盛进什么容器就是什么形状。而且，人还极可能在一个规则的容器中消逝，就像这水一样，消逝得迅速、突然，而且结果无法改变！"这人说完，眼睛紧盯着智者，他现在急于得到智者的肯定。

　　"是这样。"智者拈须，转而又说，"又不是这样！"说毕，智者出门，这人随后跟着。

　　在屋檐下，智者伏下身子，手在青石板上的台阶上摸了一会儿，然后顿住。这人把手伸向刚才智者所触之地，他看见石板上有一个凹处。他不知道这本来平整石阶上的"小窝"藏着什么玄机。

　　智者说："一到雨天，雨水就会从屋檐落下，这个凹处就是水落下的结果。"

　　此人遂大悟："我明白了，人可能被装入规则的容器，也可能消失在泥沙中，但却应该像这小小的水滴，击穿这坚硬的青石板，直到改变容器。"

　　智者说："对，这个窝就会变成一个洞！"

　　人生如水，我们既要尽力适应环境，也要努力改变环境，实现自我。我们应该多一点韧性，能够在必要的时候弯一弯，转一转。唯有那些柔韧而有弹性的人，才能克服更多的困难，战胜更多的挫折。

　　达尔文说过："物竞天择，适者生存。"只有适应环境的人，才能有一寸立足之地。在很多情况下，环境是不变的，可以变的是人自身。在面对

不同的环境时，只有学会适应环境的人，才能更好地效力于社会。

　　人的才华是没有极限的，唯一的限制来自你自身！蜕掉旧的皮吧，这样才有长大的空间，这样才能获得新的生命力！只有先超越了自己，才能够不断进步，最终超越别人。

6 控制情绪，
做情绪的主人

一见你就有好心情
不用暖身就会开心
因为眼睛耳朵都有了默契
你知道我有多么了解你
有你就有好心情
像夏天吃着冰淇淋
因为想法感受都有了感应
每个眼神都变成了动力

——《好心情》李玟

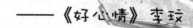

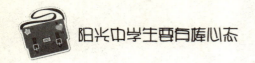

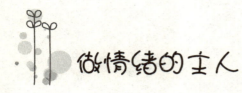

做情绪的主人

　　从前，有一个人升了官、发了财，并且给自己的儿子也谋得了一官半职。这令那些与他在一起多年且未能升迁的有才之士心里很不高兴。

　　一天，这人因公差需要远行，临行前他把儿子叫到身边说："我们家原本无钱无势，可是我们却做了官。做官之后，你发现周围有什么变化吗？"

　　儿子答："一些人明里都是笑呵呵的，其实内心里满是嫉恨，都想找机会嘲讽我。"

　　"如果他们真的找到机会嘲讽你怎么办呢？"

　　"我躲着他们走，尽量避免和他们正面交锋；如果他们说我，我也不还嘴。"

　　"如果他们找机会和你打架，那你就让他们找；如果他们嘲讽你，你不仅不要生气，还要笑，让他们的怒气得到发泄了，他们自然慢慢地就消了气，以后才有为我们所用的可能。"父亲对儿子谆谆教导道。

　　儿子点头应允。果然，在其父远行的日子，总是有一些小肚鸡肠者找机会对儿子冷嘲热讽。儿子总是充耳不闻、面含微笑，那些心胸狭窄的人自觉无趣，便偃旗息鼓了。

　　故事中，父亲对儿子的教导，其中心意思就是要儿子在遇到容易激化的矛盾面前，要控制住自己的情绪，不要去和对方"针尖对麦芒"，激怒对方，使矛盾尖锐化，带来更严重的后果。在校园里，我们常见到一些年轻气盛的同学因不能克制自己的情绪而引发争吵、打架，甚至群殴的现象。正是因为这些同学不懂克制的缘故。如果能够在遇到事情的时候始终保持冷静。不但能找到解决事情的更好办法，还能够与人和谐相处。

　　人的情感似遥控器一般控制着人的言谈举止，人的喜怒哀乐表现在人的行为上，就是笑、哭、手舞足蹈、垂头丧气。我国古代的儒家认为，一个人要"克己"，就是说人要合理地控制自己的情绪。人的情绪是自身心理的一种流露，它包含了不少非理性成分，而这些非理性成分往往会使人冲动，产生一些不良后果。所以，我们必须学会克制自己的情绪，做情绪的主人。

智慧心语：

　　无论你怎样地表示愤怒，都不要做出任何无法挽回的事。

——培根

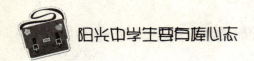

克己制怒，时时冷静

　　一个国家很富有，拥有全天下的东西。但是，这个国家的国王却仍然感到不快乐，因为他想要的东西都已经得到了，生活中没有期待，也没有惊喜。

　　有一天，国王对一位大臣说："你到别的国家，想办法买一种我们国家没有的东西。"这位大臣心想：天下所有的东西我们这里都有了，还要到哪里找一样这里没有的东西呢？

　　不过，国王既然这样说了，大臣只好派遣一位贸易商出国寻找。贸易商也很烦恼，到底要买什么东西呢？他到处游历，还是没找到自己国家没有的东西。

　　有一天，他看到一位长者坐在象背上，喊着："卖智慧！卖智慧！"贸易商心想：奇怪，智慧也可以买得到吗？于是，他走过去问长者："你要卖的智慧在哪里？"长者说："能称重量、量长短的有形之物，价值都可限量，我卖的智慧无形体、无法称重量、量长短，这才是真正的无价珍宝。"

　　贸易商说："那好，我要买,你要给我什么？"长者说："我告诉你几个字：'凡事多思，切莫猝怒，今日用不上，必定有用时。'意思就是说，我们要好好地思考人生的真理，时时把道理放在心中，不能一碰到外面的境界就转动自己的心，粗暴地发怒，如此将后悔莫及。"

　　贸易商听了，觉得很有道理，虽然没有拿到有形的东西，但是他把长者的话听进了心里，并且交给长者五百两黄金，算是"买智慧"的费用，然后起程回国。

　　贸易商回到家时，刚好是八月十五日深夜，月光明亮地照入屋内。他轻轻推开房门，突然看到架着蚊帐的床下有两双鞋，蚊帐里竟然两个人，其中一个是他的夫人，另一个是谁呢？

　　他很生气，拿了一根棍子，正当要冲向前时，突然想到："我要冷静点，控制点情绪，不能太冲动。"就在此时，一位老婆婆掀开蚊帐走出来，

原来那另一个人是他的母亲。

他很讶异地问道："妈妈，您怎么在这里啊！"

"你夫人感冒发烧，我是来照顾她的。"

他放下棍子，自言自语地说："很便宜，真的很便宜！"

"你买什么东西那么有价值，怎么一直喊很便宜呢？"

他就对母亲说："我遇到一个很有智慧的人，我用有量有形的五百两黄金换来无量无形的智慧。假如不是他教我要时时冷静，不可冲动，我刚才已做出伤天害理的错事了。"

人生的真理无形无量，如何才能得到呢？必须用心思考真理，时时保持冷静，对一切事物的真相保持谦虚的探询态度，这样才能收获人性的至宝，收获人性的美德。千万不要被冲动情绪所控制，不然，这份人性"至宝"便很可能会与你失之交臂。

智慧心语：

成功的秘诀就在于懂得怎样控制痛苦与快乐这股力量，而不为这股力量所反制。如果你能做到这点，就能掌握住自己的人生；反之，你的人生就无法被掌握。

——安东尼·罗宾斯

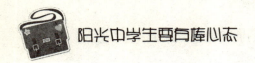

自私只能是害人害己

与惰性一样，人的自私几乎是与生俱来的。因为，每个人都希望自己可以拥有更多的东西，但却没有谁愿意付出更多，这就是自私。自私就是不顾别人的利益，心里只有自己，看到有利于自己的，哪怕是损人也不在乎。有一个形容自私者最简短的话语是：自私者烧掉别人的房子，只为煮熟自己的一只鸡蛋。

从前，山谷里居住着一只小白兔和一只小灰兔，它们是邻居，而它们的家是距离不过一米的两个隐蔽的洞穴，洞穴前各有一丛茂盛的野草。

一年夏天，接连几日下起了暴雨，给兔子外出觅食带来极大不便。傍晚，小白兔饿了，想去吃门口的野草，可它想到妈妈说过，自己家门口的野草不能吃，如果吃了，猎人就会找上门来。于是，它就跳到小灰兔家门口，把小灰兔家门口的草吃了个精光。饱食一顿的小白兔，回到家伸了个懒腰，然后进入了甜蜜的梦乡。

第二天早上，小灰兔也饿得筋疲力尽了。它好不容易爬出家门，却看见家门口茂盛的野草荡然无存，可小白兔家门前的野草一棵未少。它马上明白过来，说："一定是小白兔把草吃了。"于是小灰兔也把小白兔家门口的草吃了。

无巧不成书。当天，一位猎人经过这儿，一眼就发现了兔子的洞穴。两只兔怎能逃过猎人的捕捉？没过多久，它们就成了猎人的囊中之物。

自私的人侵占了别人的利益，自己毫无知觉，因为在他的眼睛里只有自己，时刻关注的只有自己的利益，对别人视而不见。反过来，如果别人侵犯了他的利益，那么他肯定会怒不可遏。不过，自私的人常常忽略的是：损人通常都是不利己的。

智慧心语：

损人利己，分文不值，容不得他人本身就是自私，忍受不了他人的自私并加以谴责的其实也是一种自私。

——桑塔亚那

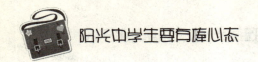

走出狭隘，
对他人给予理解和肯定

卫青在中国人眼中一直是一位英雄，然而，像历史上许多著名的人物一样，在他光辉的背后也有着不为人知的阴影。

元狩四年（公元前 119 年），大将军卫青深入漠北攻打匈奴。李广多次请求随军出征，直到元狩六年才被汉武帝任命为前将军，随卫青出征。

出塞后，卫青得知了单于的驻扎地，决定自率精锐部队袭击单于。命李广与右将军赵食其从东路出击。因东路道远，且水草极少，不利于行军，所以李广亲自请求为先锋，可是，卫青认为李广年老又命数不好，不适合做先锋。而卫青还有着私心：他的救命恩人公孙敖刚失去侯爵之位，担任中将军随自己出征，卫青想给公孙敖立功机会，遂拒绝了李广的请求。

李广无奈之下，领兵与右将军会合，从东路出发。行军途中，李广部队因无向导而迷路，耽误了约定的军期。回师后，卫青问起李广等人迷路的情况，李广回答说："诸校尉无罪，乃我自失道。吾今自上簿。"

李广回到军部，对其部下说："广年六十余矣，终不能复对刀笔之吏。"言毕拔刀自刎，一代名将就这样含冤而死。

李广之子李敢年轻健壮、热血冲动，父亲死后，他对卫青害死自己父亲的事情耿耿于怀，于是去找卫青理论，还将卫青刺伤。卫青理亏在前，对此事绝口不提。

　　狭隘和自私类似人性的"毒瘤"。被其中任何一种情绪所困扰，人就会变得只顾自己，伤害他人，这种人也很难成就大事。有很多人一世英名，往往栽在这两颗"毒瘤"之上。因此，只有敞开心胸，才能成为生活中的强者。

智慧心语：

宽宏大量，何所不容。

—— 罗贯中

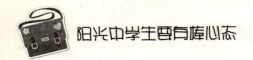

跨越过度紧张的障碍

从前，在山中的一个铁矿里，有个小矿工被指派去买食用油。在离开前，矿里的厨师交给小矿工一个大碗，并严厉地警告他："你一定要小心，我们最近财务状况不是很理想，你绝对不可以把油洒出来。"

小矿工答应后，就下山到了城里，去厨师指定的店里买油。在上山回矿的路上，他想到厨师凶恶的表情及严重的告诫，愈想愈觉得紧张。

小矿工小心翼翼地端着盛满油的大碗，一步一步地走在山路上，丝毫不敢左顾右盼。

不幸的是，快到厨房门口时，由于没有看路，他踩到了地上一个坑。虽然没有摔跤，可是却洒掉三分之一的油。小矿工非常懊恼，而且紧张得手开始发抖，无法把碗端稳。来到厨房时，碗中的油就只剩一半了。

这个小故事告诉我们，紧张情绪可以影响到一个人的行为。人在紧张的状态下，会让事情出现完全不同于预期的结果。做事、交往、学习等等，无不如此。

保持内心平和，才是解决一切问题的关键。获得内心平和的方式有很多，比如拥有正确的想法，乐观的心态，健康的身体，规律的生活等。你获得的平静越多，内心的烦恼就越少，生活的质量越高，睡眠自然就会越好。当你的内心更加平静，思维也会更加活跃深刻，判断更加准确，事业和生活自然会不断进步，进入一种良性循环的生命状态。

智慧心语:

放松与娱乐，被认为是生活中不可缺少的要素。

——亚里士多德

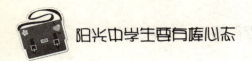

篱笆上的钉子

从前，有一个脾气很坏的男孩。他的爸爸给了他一袋钉子，告诉他，每次发脾气或者跟别人闹矛盾的时候，就在院子的篱笆上钉一根钉子。

第一天，男孩钉了 37 根钉子。后面的几天他学会了控制自己的脾气，每天钉的钉子也逐渐减少了。他发现，控制自己的脾气不去跟别人闹矛盾，实际上比钉钉子要容易的多。

终于有一天，他一根钉子都没有钉，他高兴地把这件事告诉了爸爸。

爸爸说："从今以后，如果你一天都没有发脾气，就可以在这一天拔掉一根钉子。"

日子一天一天过去，最后，篱笆上的钉子全被儿子拔光了。爸爸来到篱笆边上，对儿子说："儿子，你做得很好，可是看看篱笆上的钉子洞，这些洞永远也不可能恢复了。就像你和一个人闹矛盾，说了些难听的话，你就在他心里留下了一个伤口，像这个钉子洞一样。"

插一把刀子在一个人的身体里，再拔出来，刀口即使愈合，伤疤依然在那里，无论你怎么道歉。要知道，身体上的伤口和心灵上的伤口一样都难以恢复。你的朋友是你宝贵的财产，他们让你开怀，让你更勇敢，他们总是随时倾听你的忧伤。当你需要他们的时候，他们会支持你，向你敞开心扉。所以，千万不要轻易伤害你的朋友，学会克制你的愤怒。

成长启迪：

　　人与人在交往的过程中难免会发生一些口角，出现一些矛盾。但不要因此而伤害彼此的感情。能够克己制怒的人，才能更容易得到别人的亲近。

智慧心语：

　　友谊和花香一样，还是淡一点的比较好，越淡的香气越使人依恋，也越能持久。

——席慕蓉

139

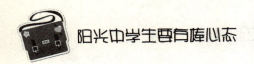

舍弃无休无止的争吵

一天，五根手指在一起闲着没事做，就"谁是最优秀的"这一话题争吵起来。

大拇指说：在咱们五个当中我是最棒的。你们看，首先，我是最粗最壮的一个，无论赞美谁，夸奖谁，人们都把我竖起来，所以我是最棒的……

这时，食指站了出来说：咱们五个我是最厉害的，谁要是出现错误，谁有不对的地方，我都会把他指出来……

中指拍拍胸脯骄傲地说：看你们一个个矮的矮，小的小，哪有一个像样的。其实我才是真正顶天立地的英雄……

到无名指了，他更是不服气：你们都别说了，人们最信任的就属我了。你们看，当一对情侣喜结良缘的时候，把那颗代表着真爱的钻戒不都带在我的身上么……

到了小指，看他矮矮矬矬的，可最有精神，他说：你们都别说了，看我长得小么？当每个人虔心拜佛、祈祷的时候，不都把我放在最前面么……

其实每个指头都有自己的长处，都有缺点，又何必争吵不休？只要能取人长、补己短，相互合作就是完美的！人也是这样。

成长启迪！

　　朋友之间一旦发生争吵，不论争吵的结果谁胜谁负，对于双方来说都是一种损失。胜利者往往因长时间的口舌投入了大量精力，失败者则因为自尊心受到伤害而怀恨在心。所以，不如彼此都放开心胸，心平气和，就能把矛盾更好地解决。

智慧心语：

　　友谊的一大奇特作用是：如果你把快乐告诉一个朋友，你将得到两个快乐；如果你把忧愁向一个朋友倾吐，你将被分掉一半忧愁。

——培根

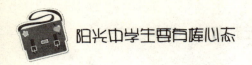

不再犹豫，战胜内心的脆弱

　　吴丽娜是一名初二的学生，学习成绩很好，老师同学都很喜欢她。可是，有时候，她那优柔寡断的性格又令大家反感。有一次，她和几个好朋友约定第二天一起去游乐园玩。

　　约定的时候，吴丽娜兴高采烈地提了好多建议，说得大家都心动了。结果放学的时候，吴丽娜好朋友小雨过来叮嘱她第二天早点去的时候，她又吞吞吐吐地说不想去了，声称要在家里复习功课。结果，大家的兴致都没有了。

　　还有一次，在校篮球比赛上，本班的女生和另外一个班级的女生比赛。比赛快结束时，球传到了吴丽娜的手上，她本来可以立刻投球搏一搏，如果进球了，她的班级就会赢，但是，吴丽娜却拿着球左瞧右瞧，似乎准备传给别人，结果一不小心，球被别人抢去了，最终，吴丽娜的班输给了另外一个班级。这件事，让很多人对吴丽娜不满。

　　吴丽娜也因此内疚了很长一段时间。可是每每遇到需要她做抉择的时候，她还是会犹豫不决。同学们渐渐开始讨厌她，并开始疏远她。

　　优柔寡断是很多人都有的毛病，遇到一件事情的时候，总是要前思后想，反复推敲，表面上看来是一种顾全大局、周到的思考方式。实际上，这反映出来的是一个人内心的脆弱、不自信。

人们遇到问题的时候常常会有两种态度：当机立断或者三思后行。后者就是一种犹豫的心理表现。犹豫的人在碰到难以抉择的事时，即使脑子里面立刻有了解决办法，他们也会拖延一下，告诉自己："我再想想，这样是不是最合适的。"但犹豫的人常忘记这一点；当你在踌躇的时候，那些胆大者已经开辟了另一个天地。

智慧心语：

从事一项事，先要决定志向，志向决定之后就要全力以赴毫不犹豫地去实行。

——富兰克林

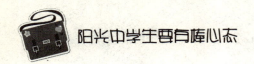

不要走进早恋的误区

正在读初二的女生艾芮聪明好学，性格活泼，长了一副可爱的面孔，深得老师和同学的喜爱。然而，在这段懵懂时期发生的一件事情，差一点颠覆了她的人生。

那天，放学之后，艾芮正在值日，看到一个男同学还在做作业。对方满面愁容，似乎遇到了难题。艾芮就主动上前帮助他解题。此后，这位男生经常有意在放学之后留下来写作业，寻找一些难题去请教艾芮。久而久之，这位男生便对艾芮产生了一种微妙的感情，于是在某一天偷偷地给艾芮写了一封告白信。收到信的艾芮满脸通红，非常不好意思，生怕被别人发现，慌慌张张地把信藏好。

从此，艾芮经常和这个男生传纸条、互递信，她也无法集中精力去学习。上课时，老师所讲的内容她也听不进去；晚上躺在床上，辗转反侧地睡不着觉。渐渐地，艾芮的精神不济，时常发呆，没有了平日的活泼模样，与其他同学也渐渐疏远了，学习成绩亦大幅度下降。

幸好班主任及时发现了艾芮的心理和情感问题，多次找艾芮谈心，晓之以理，动之以情，才使她摆脱了朦胧爱情所带来的困境。

中学时代是人读书学习的黄金时代，也是未来职业选择的准备阶段。这段时光不该耽误在情感之上。大量事实证明，中学生谈恋爱后，情感往往被牵制，学习分心，成绩下降。所以，我们应当及早认识到"早恋是个苦果"这个道理，让理智战胜情感，与同学建立正常的友谊关系，争取在学习上取得更大的进步。

智慧心语：

早恋是这样一种果实：一半是梦中的甜蜜，一半是醒后的苦涩。

——佚名

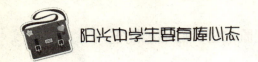
心态法则 性格改造：从悲观走向乐观

有一位父亲想对他的儿子——一对孪生兄弟做"性格改造"，因为其中一个过分乐观，而另一个则过分悲观。

一天，他买了许多色泽鲜艳的新玩具给悲观孩子，又把乐观孩子送进了一间堆满马粪的车房里。

第二天清晨，父亲看到悲观孩子正泣不成声，便问："为什么不玩那些玩具呢？"

"玩了就会坏的。"孩子仍在哭泣。

父亲叹了口气，走进车房，却发现那乐观孩子正兴高采烈地在马粪里掏着什么。

"告诉你，爸爸。"那孩子得意洋洋地向父亲宣称，"我想马粪堆里一定还藏着一匹小马呢！"

这个故事给我们揭示了这样一个道理，乐观者与悲观者之间，其差别是很有趣的：乐观者看到的是油炸圈饼，悲观者看到的却是一个窟窿。

生活中，乐观者在每次危难中都看到了机会，而悲观者在每个机会中都看到了危难。这是因为每个人都有不同的心理活动。人的心理活动，可以说没有一刻的平静，忽而兴奋、欢乐，忽而沮丧、消极。情绪乐观的人也有不幸与烦恼，但善于排遣解脱。情绪悲观的人在遇到不顺的事情时，或情绪低落、灰心丧气，或牢骚满腹、怨天忧人，不善于解脱排遣。要摆脱这种悲观情绪，悲观者需要进行积极的心理调适。

第一，别盯住消极面。如果你把注意力放在与别人友善相处以及其他美好的事物上，并常常告诉自己，误解、敌视只会影响自己的正常生活，并把愉快、开心的事串连起来，由一件想到另一件，你就可以逐步排遣自怨自艾或怨天忧人的情绪。

第二，不当欲望的蠢人。乐观的人常常自我感觉良好，对失败有点可贵的"马大哈"精神。而有的人经常焦虑不安，后悔本应做得更好的事未能做好，对别人获得的每一个成就、荣誉都想无条件地取得，什么事情都企求尽善尽美。他们这种无穷的欲望只能给自己带来无穷的懊悔。

第三，莫过于挑剔。挑剔的人常给自己戴上是非分明的"桂冠"，其实是一种消极的人格特征。怨恨、挑剔是心理软弱、心理"老化"的表现。

第四，学会躲避挫折。遇到情绪不佳的时候，不妨想办法调节一下，打破静态体验，用动态活动转换情绪。例如，听歌、看电影、散步等等，都是调节情绪的好方法。

第五，不要制造人际隔阂。别人在背后说自己的坏话，或者轻视、怠慢自己，你不服气，以牙还牙，结果你又多了一个人际屏障，多了一个"敌人"。正确的应对方法是，不回避对方，拿出豁达的气量，主动表示友好。这样做，使你在针锋相对、逃避退缩、勇敢面对的三种态度上找到最利于个人情绪健康的方式。

一位名人说过："成功是98%的汗水加1%的天才，而乐观是使你坚持下去的动力。"那么，青少年怎样才能保持或者培养乐观的情绪呢？

第一，善于控制自己的情绪。要坦然地处理各种重大事件或意外事件，冷静地分析、处理问题，力争做到不喜怒过度，情绪过度起伏会使身心健康受到损害。

第二，运用幽默。幽默是能在生活中发现快乐的特殊的情绪表现，具有幽默感的人可以从容应付许多令人不快、烦恼，甚至痛苦、伤心的事情。

笑是幽默感的核心内容。俗话说："笑一笑，十年少"。笑不仅能使肺部扩张，促进血液循环，而且能够消除对健康有害的不良情绪和神经紧张感，驱散心中的积郁。

第三，知足常乐。这并不意味着鼓励人停止对事业、对生活的追求。恰恰相反，人应该热爱生活，向往未来，追求成功。知足常乐主要是指心平气和地对付当前的各种境遇，确定一个切实可行、可望可及的追求目标，不要有过高的奢望，也不要过低地看待自己。

第四，忘却不愉快的经历。经历了人生的酸、甜、苦、涩的人，会产生各种的情感体验，于是人们往往会回忆往事，回忆体验深刻的事件，这是正常的心理现象。但是，如果常常去回忆令人烦恼、伤心、悲哀、恐惧的事情，就会给心理造成无形的压力，导致紧张的情绪状态，危害身心健康。因此，大家应当想法忘记不开心的事情，忘掉痛苦的往事，保持乐观的心境。

总之，乐观是一个人用金钱、地位买不来的宝贵性格。任何人学会了乐观处世，他的生命之路就一定会比别人更为长久。

7 成为有智慧的人

你因为太多学习的同学在这块写东写西
但我建议最好听妈妈我会用功读书
用功读书怎么会从我嘴巴说出
不想你输所以要叫你用功读书

——《听妈妈的话》周杰伦

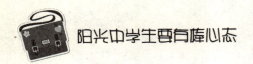

匡衡勤奋读书的故事

汉朝的少年匡衡是一个非常勤奋好学的孩子。

由于家里很穷，所以他白天必须干许多活，挣钱糊口。只有晚上，他才能坐下来安心读书。不过，他又买不起蜡烛，天一黑，就无法看书了。匡衡很心疼这被浪费掉的时间，内心非常痛苦。

他的邻居家里很富有，一到晚上好几间屋子都点起蜡烛，把屋子照得灯火通明。匡衡有一天鼓起勇气，对邻居说："我晚上想读书，可买不起蜡烛，能否借用你们家的一寸之地呢？"邻居一向瞧不起比他们家穷的人，就恶毒地挖苦说："既然穷得买不起蜡烛，还读什么书呢！"匡衡听后非常气愤，不过他更下定决心，一定要把书读好。

匡衡回到家中，悄悄地在墙上凿了个小洞，邻居家的烛光就从这洞中透过来了。他借着这微弱的光线，如饥似渴地读起书来，渐渐地把家中的书全都读完了。

匡衡读完这些书，深感自己所掌握的知识还是远远不够，他想继续多看一些书的愿望就更加迫切了。

他家附近有个大户人家，有很多藏书。一天，匡衡卷着铺盖出现在大户人家门前。他对主人说："请您收留我，我给您家里白干活，不要报酬。只是让我阅读您家的全部书籍就可以了。"主人被他的精神所感动，答应了他借书的要求。

匡衡就是这样勤奋学习的，后来他做了汉元帝的丞相，成为西汉时期有名的学者。

一成长启迪：

　　人的一生，最美好的时光就是青少年时代。这个时期的青少年必须珍惜时间，刻苦学习，不断地充实自己。毛泽东曾经对青年人说过："世界是属于你们的，你们是早晨八、九点钟的太阳"，是太阳就要放射耀眼的光芒，我们应该抓紧这人生中的春天，学习中的春天，好好学习，奋发向上！

智慧心语：

　　少年读书，如隙中窥月；中年读书，如庭中望月；老年读书，如台上玩月。皆以阅历之深浅，为所得之深浅耳。

——张潮

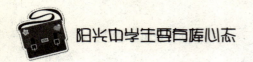

时时保持"空杯心态"

心理学中有种心态叫"空杯心态"。何谓"空杯心态"？先要从一个故事讲起：

古时候，有一个佛学造诣很深的人，慕名去某个寺庙拜访一位德高望重的老禅师。老禅师并没有亲自接待他，而是由其徒弟与此人见面。当时此人态度非常傲慢，因为他自己造诣颇深，与一个小徒弟见面实在有失体面。

后来，老禅师十分恭敬地接待了他，他倒茶时发生了一点意外：杯子明明已经满了，老禅师还在不停地倒。那人非常不解："大师，您没有看到杯子已经满了？"大师微笑着点头，此人更是一头雾水："大师既然已经看到杯子满了，何以还要继续添水？"

大师说："是啊，既然已满，干吗还倒？"

闻此言，那人领悟了大师的意思，心中万分愧疚。大师的意思很简单：既然已经很有学问了，为什么还要到我这里来求教？

据说，这就是"空杯心态"的起源。这个典故告诉我们，如果想做好一件事，心态很重要。要想让自己积累更多，必须要把自己当成一个"空着的杯子"，这样别人才会乐意跟你交流，愿意与你分享一些有用的经验。

无法保持"空杯心态"的人，对新事物、新思想、新看法总是有种成见，总是故意排斥不接纳，最后导致听不进和听不见，从而封死了自己的进步之路。了解了这一点，聪明的你是不是应该要求自己每天早上都把满的"杯子"倒空呢？

成长启迪：

　　我们如果想学到更多的知识，首先就要求我们具有"空杯心态"。把自己想象成"一个空着的杯子"，而不是骄傲自满，故步自封，这样我们才能以更加谦虚的态度，更加豁达的气量去接受别人的指导和教诲。

智慧心语：

　　任何停止学习的人都已经进入老年，无论他在70岁还是80岁；坚持学习的人则永葆青春。

——亨利·福特

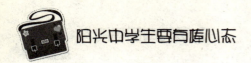

学习是每个人的必修课

人类每一个简单的动作都是靠学习掌握的，不学习就会无法生存。因此，养成学习的习惯是适应这个社会的最基本的生存之道。很多事情没有最好，只有更好，一个人为了达到更好，就必须不断学习，超越自己。

世界建筑大师格罗塔斯先生接受了迪斯尼乐园修路的任务。这个任务很重要，因为该乐园耗费了巨额的资金，园中的路一定要修好，路修得不好就等于把所有已建成的成果毁掉了。格罗塔斯非常烦恼，一直苦苦思索如何铺设美观又受行人欢迎的路。

有一天，他到姑妈家去。姑妈家在法国南部的一个小镇上，这里到处是果园，绿绿的草坪，各种果树茁壮成长，树上长满了果子，大家可以随便在果园里嬉戏，还可以穿过果园到达对面的小河和后面的小山。这里简直就是镇上孩子们的乐园。

格罗塔斯惊奇地发现树下被他们踩出许多曲折的小路，特别优美。这给了他一个灵感："其实路怎么走，应该让游玩的人说了算。"格罗塔斯回到迪斯尼乐园，让手下的人撒上草种。在小草长出来后，迪斯尼乐园提前半年开放。结果这半年里，草地被踩出了许多条有宽有窄、优雅自如的小道。

第二年，格罗塔斯让人按照这些踩出来的痕迹铺设了人行道，他的这个设计被评为世界最佳设计。

格罗塔斯的这个最佳设计来源于生活中人们的习惯，格罗塔斯通过草坪向行人进行"无声"的请教：请走出你们最喜欢走的路！于是行人成了格罗塔斯最好的老师，帮他"设计"了最符合游人行走习惯的道路。格罗塔斯靠着这种不断向大家学习的精神，最终取得了成功。

成长启迪：

　　学习是每个人的必修课，是缩小自己与别人差距的最快最好的办法，也是实现理想的、最为行之有效的方法。在现代的知识经济时代，知识改变命运、知识创造财富的例子越来越多地呈现在我们的面前。每个人所要做的就是快速地改变自己，加入到学习的行列，不断丰富自己的知识体系，改善知识结构，使自己的知识不断更新和提高。

智慧心语：

　　德可以分为两种：一种是智慧的德，另一种是行为的德。前者是从学习中得来的，后者是从实践中得来的。

——亚里士多德

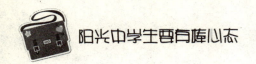

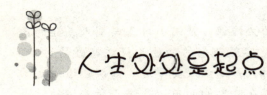人生处处是起点

　　学习使人进步，这是一句老话了，但是这句话目前依然具有强大的生命力。做个不断学习的人，才能使自己在社会上立稳脚跟。只要我们寻找，生活中到处都有学问，每个人都有值得学习的地方。我们可能改变不了这个世界和社会上的许多东西，却能使自己不断成长壮大。

　　一个人如果停止学习，就无法取得学习、生活和工作需要的知识，无法使自己适应急速变化的时代，不仅不能在这个社会立足，还会有被时代淘汰的危险。

　　戈登·摩尔在一次偶然的机会中对化学产生了兴趣。当时，他家邻居有很多的化学装置和化学试剂，邻居家的儿子经常制出许多稀奇古怪的东西，他还对摩尔说自己可以制造出炸药。摩尔听了他的话，就对化学完全着迷了，他整天跑到邻居家里去，和那个孩子一起搞研究，两个人都许愿说将来要当一个化学家。他们不断找来化学方面的材料学习，只要是与化学有关的东西，他们都非得搞个一清二楚不可。

　　高中毕业后，摩尔考入了加州伯克利大学化学系，开始学习自己向往已久的化学专业，他经常一头扎在图书馆里，一天不吃东西。由于对化学的热爱和执著，1954年他获得物理化学博士学位。

　　摩尔毕业后，就到约翰·霍普金斯大学的应用物理实验室工作，并且开始了自己的科学研究，起初他研究的方向是观察红外线吸收性状和火焰分光光度分析。此后不久，摩尔到加利福尼亚，以化学专家的身份加入了肖克利半导体公司。一年后，他就辞职了，和朋友一起创办了仙童半导体公司。

　　公司成立之初，摩尔担任的是技术部经理，他和那些员工一起研究学习；后来又到了研发部，与那些高校毕业的青年们和老教授们一起学习研发，从事的是双扩散晶体管的研究项目。他主要负责研究新的扩散工艺，并且与拉斯特一起攻关平面照相技术。最后摩尔所领导的研究小组研制出

了高效的晶体管。终于，IBM 公司向他们开出了公司建立后的第一张订单。他们不断地努力，学习研究，开发新项目。在那年的年底，公司在硅谷终于变得小有名气了，许多大公司都选择了与摩尔合作，摩尔成了一个跨国公司的总裁。

摩尔的成功在于他从小就不断地钻研学习，更可贵的是，当他已经取得了博士学位和一些骄人的成绩之后，也没有放弃不断钻研学习的好习惯。然而有些人投身工作后就不再重视学习，似乎头脑里面装的东西已经够多了，再学就会涨破脑袋。其实每个人的知识数量都是十分有限的，离实际需要还差得很远。特别是在科学技术飞速发展的今天，只有以更大的热情不断学习，才能使自己丰富和深刻起来；才能不断地提高自己的整体素质，使自己脱颖而出。

智慧心语：

古来一切有成就的人，都很严肃地对待自己的生命，当他活着一天，总要尽量多劳动，多工作，多学习，不肯虚度年华，不让时间白白地浪费掉。

——邓拓

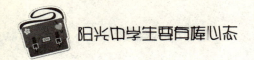

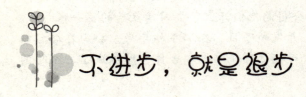

不进步，就是退步

在达尔文的生物进化理论中，有这样一种现象：

生物在进化过程中，总会经历外部环境或其他物种对自身的挑战。在生物与环境或其他物种的斗争中，生存能力强的活了下来，而生存能力差的则被淘汰出局，这就是优胜劣汰的自然法则。

生活在非洲大草原上的羚羊和狮子之间的生死搏杀，对优胜劣汰的体现可以说是淋漓尽致。每天清晨，羚羊从梦中醒来，总会有一种念头在其脑海中回响：我必须要比跑得最快的狮子还要快，这样我才能生存；而羚羊的天敌——狮子的想法是，我一定得比跑得最慢的羚羊快，这样我今天就可以享受美餐。

于是，在广袤的大草原上，每天都在上演羚羊与狮子之间的生死搏杀。羚羊在不断提高奔跑速度，为的是不成为天敌的口中食，而狮子也在不断提高自己的奔跑速度，为的是能获得自己的美食。其实二者的目的在本质上是一致的——为了更好地生存。

我们在生活中也是如此，优胜劣汰，如果我们跟不上发展的潮流，结果就是被淘汰。若想稳站潮流的浪端，那么只有不断地完善自己，让自己去学习，去汲取。我们要谨记：学习如逆水行舟，不进则退。

了高效的晶体管。终于，IBM 公司向他们开出了公司建立后的第一张订单。他们不断地努力，学习研究，开发新项目。在那年的年底，公司在硅谷终于变得小有名气了，许多大公司都选择了与摩尔合作，摩尔成了一个跨国公司的总裁。

摩尔的成功在于他从小就不断地钻研学习，更可贵的是，当他已经取得了博士学位和一些骄人的成绩之后，也没有放弃不断钻研学习的好习惯。然而有些人投身工作后就不再重视学习，似乎头脑里面装的东西已经够多了，再学就会涨破脑袋。其实每个人的知识数量都是十分有限的，离实际需要还差得很远。特别是在科学技术飞速发展的今天，只有以更大的热情不断学习，才能使自己丰富和深刻起来；才能不断地提高自己的整体素质，使自己脱颖而出。

智慧心语：

古来一切有成就的人，都很严肃地对待自己的生命，当他活着一天，总要尽量多劳动，多工作，多学习，不肯虚度年华，不让时间白白地浪费掉。

——邓拓

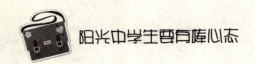

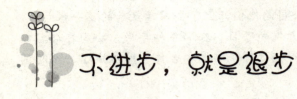

不进步，就是退步

在达尔文的生物进化理论中，有这样一种现象：

生物在进化过程中，总会经历外部环境或其他物种对自身的挑战。在生物与环境或其他物种的斗争中，生存能力强的活了下来，而生存能力差的则被淘汰出局，这就是优胜劣汰的自然法则。

生活在非洲大草原上的羚羊和狮子之间的生死搏杀，对优胜劣汰的体现可以说是淋漓尽致。每天清晨，羚羊从梦中醒来，总会有一种念头在其脑海中回响：我必须要比跑得最快的狮子还要快，这样我才能生存；而羚羊的天敌——狮子的想法是，我一定得比跑得最慢的羚羊快，这样我今天就可以享受美餐。

于是，在广袤的大草原上，每天都在上演羚羊与狮子之间的生死搏杀。羚羊在不断提高奔跑速度，为的是不成为天敌的口中食，而狮子也在不断提高自己的奔跑速度，为的是能获得自己的美食。其实二者的目的在本质上是一致的——为了更好地生存。

我们在生活中也是如此，优胜劣汰，如果我们跟不上发展的潮流，结果就是被淘汰。若想稳站潮流的浪端，那么只有不断地完善自己，让自己去学习，去汲取。我们要谨记：学习如逆水行舟，不进则退。

一成长启迪！

不求人人成功，只求人人进步，如果我们的人生态度真的如此，我们就不怕明天不辉煌——这句话代表了一种积极进取的人生态度，更是我们对待自己的最严格的要求。当我们的生活不怎么令人满意，我们不妨用这句话勉励自己、鼓舞自己。想一下子取得成功是非常困难的，我们不妨零存整取，一点点争取成功。我们相信无数个小会变成一个大，无数个一会变成万，无数个一点点进步，会变成一个大进步。当我们站在自己取得的大进步上抬头仰望，成功也许就会在眼前。

智慧心语：

好动与不满足是进步的第一必需品。

——爱迪生

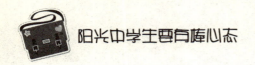

拥有智慧，你的生活会更加有趣

　　美国一位退休老人在芝加哥的一所学校附近买了一栋简朴的住宅，打算在那儿安度晚年。

　　最初的几个星期，他居住的地方很安静，他也过得很舒适，并且深深佩服自己的眼光。但好景不长，不久就有三个调皮的小男孩天天在附近踢这里的垃圾桶。附近的居民深受其害，为制止他们的恶作剧，采用了各种各样的办法：好言相劝，吓唬责骂他们，但效果不佳，三个小男孩依然天天过来捣蛋。邻居们最终无计可施，只好摇头轻叹，听之任之。

　　这位老人实在受不了他们制造的噪音声，就想了一个好办法让他们离开。于是，他出去跟他们谈判："你们几个一定玩得很开心，我小的时候也常常做这样的事情。你们可以帮我一个忙吗？如果你们每天来踢这些垃圾桶，我每天给你们一元钱。"

　　这三个小男孩听了心里非常高兴，心想这样以后买零食再也不用求爸爸妈妈给钱了，于是连忙点头表示同意。之后的几天，他们使劲地踢着附近所有的垃圾桶。

　　过了几天，这位老人愁容满面地找到了他们，说："最近我的生意不好，收入也减少了。从现在起，我只能每天给你们每人五毛钱了。"

　　这三个小男孩听到老人这么快就降低了给自己的报酬，心里有些不满，但一想还是有钱用也就接受了。每天下午，他们继续踢垃圾桶，可是，却明显没有以前那么卖力了，敷衍了事。

　　几天后，老人又来找他们。"瞧！"他说，"我的公司马上就垮台了，所以每天只能给你们两毛五分了，行吗？"

　　"只有两毛五分！"三个小男孩齐声喊道，"你以为我们会为了区区两毛五分钱浪费时间，在这里踢垃圾桶？不行，我们不干了！"

　　从此以后，老人过上了安静的日子。

　　这个幽默诙谐的小故事里，老人以逆向思维摆脱了几个爱做恶作剧的

小男孩，这是智慧的一种体现。其实，生活中处处都需要一点智慧，没有智慧的生活将是一潭死水。

　　知识跟智慧是两回事。知识是无限的，穷尽一生，也学不完。智慧是对知识的运用，知识积存得再多，若没有智慧，它们就无可应用，发挥不了价值。所以智慧包含了知识和聪明，它是头脑的智能，能让生活变得更加趣味盎然。

智慧心语：

　　所谓智，便是指人们的聪明智慧，所谓谋，便是指人们对问题的计议和对事情的策划。智是谋之本，有智才有谋，所以智比谋更重要。

——邓拓

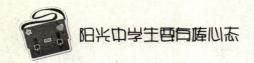

把废料变成美金

第二次世界大战时期，在奥斯维辛集中营里，一个犹太人教育他的儿子说："现在我们身无分文，我们唯一的财富就是智慧。当别人说一加一等于二的时候，你应该想到大于二。"

纳粹在奥斯维辛毒死了几十万人，这对父子俩却很幸运地免遭灾难。

1946年，他们来到美国休斯敦，做起了铜器生意。一天，父亲问儿子一磅铜价格是多少，儿子答35美分；父亲说："对，整个得克萨斯州都知道每磅铜的价格是35美分，但作为犹太人的儿子，你应该说3.5美元。你应该试着把一磅铜做成门把手看看。"

20年后，这位父亲死了，只剩下儿子一人独立经营铜器店。他做过铜鼓，做过瑞士钟表上的簧片，也做过奥运会的奖牌。

他曾经把一磅铜卖到3500美元，那时他已是麦考尔公司的董事长。然而真正使他扬名的，是纽约的一堆在别人眼里不值分文的垃圾。

1974年，美国政府为了清理给自由女神像翻新扔下的废料，向社会广泛招标。但好几个月过去了，没人应标。当时还在法国旅行的他听说后，立即前去纽约，在看过自由女神下堆积如山的铜块、螺丝和木料后，没有提任何条件，当即签了字。

当时，纽约许多运输公司在背后嘲笑他的这一"愚蠢"举动。因为在纽约州，垃圾处理有严格规定，一个不小心就会受到环保组织的起诉。

就在一些人等着看这个犹太人闹笑话时，他已经着手组织了人对废料进行分类。他让人把废铜熔化，铸成小自由女神；把水泥块和木头加工成底座；把废铅、废铝做成纽约广场的钥匙。最后，他甚至把从自由女神身上扫下的灰包装起来，出售给花店。

不到3个月的时间，他让这堆废料变成了350万美元现金，每磅铜的价格整整翻了一万倍。

智慧的灵光让一个穷孩子摇身一变成为知名公司的董事长。在聪颖、

精明的犹太人眼里，任何东西都是有价的，都能失而复得，只有智慧才是人生无价的财富。

知识使人知道了许多事，使人更聪明。人们能获得丰富的知识固然很好，但智慧更为重要，智慧表现在人如何正确地运用所掌握的知识。犹太民族非常看重学问，但是与智慧相比，学问也略低一筹。如果掌握了许多知识而不使用，就像在一个空房间里堆积着许多书本一样，是没有多少价值的。成功的人生在于不断地把拥有的知识有智慧地应用到实际生活中。

智慧心语：

当我们得到理解的时候，智慧是不会枯竭的；智慧同智慧相碰，就迸溅出无数的火花。

——马克思

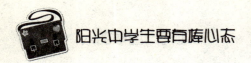

为达目标，不妨绕道而行

曲线并不等于弯路，因为通往成功之道往往不是直的，懂得绕行和等待是成功的一门艺术。

40多年前，一个出生在奥地利贫民窟的十多岁的穷小子在日记里发誓长大后要做美国总统，但如何实现这个宏伟的抱负呢，年纪轻轻的他经过几天几夜思索，拟定了一系列的连锁目标：

要做美国总统，首先得做美国州长；要竞选州长，必须得到雄厚财力后盾的支持；要获得财团的支持，就一定得融入财团；要融入财团，最好娶一位豪门千金；要娶一位豪门千金，必须成为名人；成为名人的快速方法，就是做电影明星；做电影明星之前，得锻炼好身体、练出阳刚之气。

怀着这样的打算，他移民到美国，开始步步为营。一天，他看到著名体操运动主席库尔后，相信练健美是个好点子。他开始刻苦练习，渴望成为世界上最结实的壮汉。三年后，凭着发达的肌肉、雕塑般的体魄，他成为"健美先生"，并囊括了欧洲、全球、奥林匹克的"健美先生"。

22岁时，他踏入美国好莱坞。在这里，他花费了10年工夫，一心去表现坚强不屈、曲折不挠的硬汉形象。终于，他在演艺界出了名。当他的电影事业如日中天时，女友的家庭终于接纳了这位"黑脸庄稼人"。他的女友就是肯尼迪总统的侄女。

婚姻生活恩爱地过去了十几年。他与太太生了4个孩子，建立了一个"五好"家庭。2003年，年逾57岁的他告别影坛，成功地竞选成为美国加州州长。

目前，他正在积极推进美国修宪进程，《宪法》规定只有出生在本土的人才有资格竞选总统，并打出"你无法选择你的出生地，但是你可以选择你热爱的土地"这句口号。如果修宪成功，他就有可能是未来的美国总统！

他就是阿诺德·施瓦辛格。

施瓦辛格的经历告诉我们，敢想——给自己的人生一个宏伟的规划，不做平庸之辈；敢做——立即行动，步步为营，每实现一个小目标就为最终的辉煌创造条件。

西方人讲条条大路通罗马，中国人讲愚公移山。哪个聪明哪个愚笨呢？西方提倡的是一种变通，最终达到殊途同归；中国提倡的是一种苦干、硬干，更多的是一种精神上的不屈。可是，在有限的生命中，哪种做法能让我们更快地达到目标呢？当然是前者。追求光明、百折不挠的精神固然是可敬可佩的，可是，为了达到目标绕道而行才是真正的大智慧！

智慧心语：

做出规划。今天所做的事情是为了我们有更好的明天。未来属于那些在今天做出艰难决策的人们。

——伊顿公司

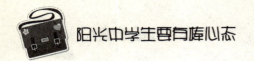

道路是曲折的，捷径也可能是曲线的

一个经过磨炼、能力全面的人永远比那些只有单一知识或能力的人拥有更多的机会登上顶层。

布莱德雷从小就立志当将军，并为此拼命考入西点军校。出人意料的是，他毕业后却没有像其他人那样在军营中一路升迁上去，而是把多数时间用在教学上。前20年的军人生涯中，他当教官的时间就占去了13年。与昔日的同学相比，布莱德雷似乎一直盘旋在军营之外，失去了许多晋升的机会。

1920年，布莱德雷当上西点军校数学系教官，校长是麦克阿瑟。在此后的4年中，布莱德雷研究数学，提高了自己的推理能力。再遇到难题时，自己在数学上的造诣总能够使他有条不紊地去思考。

布莱德雷业余时间兼任着体育教练，不经意中锻炼了组织和指挥能力。在他的带领下，球队获得了橄榄球锦标赛的冠军。

1929年，布莱德雷在本宁堡步校遇见了一生中最重要的人——马歇尔。马歇尔是美国历史上最伟大的将军之一，他独具慧眼，知人善任。布莱德雷最初被分配在战术系，由于他表现出色，不到一年，就被马歇尔提升为兵器系主任，成为马歇尔的"四大金刚"之一。

1939年7月，马歇尔任美国陆军参谋长，布莱德雷感到机会来了。果然，马歇尔指名让他负责办公室工作。此后不久，布莱德雷就被马歇尔下派到本宁堡步校任校长，随即又出任美军第82师师长。

结果很有戏剧性：绕了一个大圈后，布莱德雷成了西点军校同届毕业生中第一个当师长的人。此后，布莱德雷官职一路飙升，在短短几年间，他就从师长升为军长、集团军司令、第12集团军群司令，并于战后出任陆军参谋长和参谋长联席会议主席，远比巴顿和麦克阿瑟要威风。

多年之后，当布莱德雷回首往事时，对13年的教官生涯颇感难忘，在他看来，那是一条攀向山顶的最短的曲线。

成长启迪！

为了达到目标，不妨暂时走一走与理想偏离甚至是相背驰的路，有时这正是智慧的表现。可生活中，大多数人往往都太心急了，只想一下子超越别人，却忘了夯实自己的基础。想想你有什么远大的目标吧！结合自己的实际情况，想想采取哪些"曲线"步骤能有助你实现目标；每一个曲线步骤需要你花费多长时间。把这些列下来，你就有了清晰的行动计划。

智慧心语：

正路并不一定就是一条平平坦坦的直路，难免有些曲折和崎岖险阻，要绕一些弯，甚至难免误入歧途。

——朱光潜

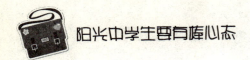

别做那只愚笨的蚂蚁

如果你正在赶路，前面有一堵厚厚的钢板墙，而你需要走到墙的另一边去，该怎么办？用头撞个洞？用炮轰个洞？把墙推倒？将墙切割掉？这些方法都不可取：用头撞，非撞得头破血流；用炮轰，你没有大炮；把墙推倒，你可不是超人；把墙切割开，又要工具又要化学药品，成本太高……

转念思考一下，问题就简单多了：面对铜墙铁壁——绕道而行。

两只蚂蚁想翻越一段墙，到墙那边寻找食物。一只蚂蚁来到墙角，毫不犹豫地往上爬。可每当它爬到大半，就会由于劳累而跌下来。可是它并不气馁，一次次跌下来，一次次调整自己，然后重新往上爬。另一只蚂蚁观察了一下，决定采取另一种办法：它绕过墙来到食物面前享受起来。

第一只蚂蚁此时还在不停地跌落不停地重新爬。

我们很多人就像那可笑的第一只蚂蚁，精神固然可嘉，但只是白费力气浪费时间罢了，最后还被一次次的失败弄得遍体鳞伤。在这个世界上有才华又努力的人不少，可真正成功的人不多，道理很简单：在障碍面前，不知道绕道而行，于是屡屡受挫，最终成为失败者。

如果你拥有足够的勇气和信心，而且又懂得兜圈子、绕道而行，那么，在经过一段艰辛的追求之旅后，你必定能追求到你所要追求的东西。

成长启迪：

　　人生就像爬山，目标是那最高的顶峰。懂得迂回向上的人会最先爬到山顶，而那些鲁莽直爬的人却会摔得头破血流。迂回并不只是一种策略，更是人生之中可贵的心态。无论是学习、处事、与人交际，都要学会迂回。这样，你的人生才会多一些平坦。

智慧心语：

　　在战略上，最漫长的迂回道路，常常又是达到目的的最短途径。

——利德尔·哈特

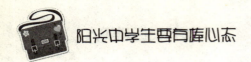

心态法则 成功始于学习

独裁者问雇佣军中的少校:"说出你最喜欢的武器,我都能给你弄来。"少校回答:"才智!"

的确,"才智"是所有武器中最厉害的武器。但"才智"是买不到的,要获得"才智",唯有通过学习。这个世界上没有天才,别人比你更有能力、更成功,只是因为别人比你更爱学习、更会学习。

记住这样一句话吧:一个人的命运,决定于晚上八点到十点之间。

✱ 终生学习,才能终生进步

任何一个成功者,都是通过学习走向成功的。社会在不断地发展变化,学习就像逆水行舟,不进则退,没有原地踏步的。知识就像机器也会折旧一样,特别是像电脑方面的知识,几年不进步,就会面临淘汰。一个人要想成长得更快,就一定要喜欢学习,善于学习。

当然,对于一个人来说,不能精通所有的学科知识,"博"是有限度的。但是也要能比较广泛地掌握与目标有关的政治、经济、科学、管理和哲学方面的知识,以及天文、地理、历史方面的知识,并学会和运用现代管理学中的系统论、信息论等综合性、边缘性的学科知识,努力使自己成为一个万事通晓的杂家,万金油效用的通才。

但是,一个人很难把所有知识都钻研透,因而要从博中求专,干一行钻研一行,成为专业中的权威专业。"博"会拓宽视野,丰富你的头脑;"专"会使你掌握本专业,并成为这个专业的佼佼者。

以美国福特汽车公司为例。众所周知,亨利·福特的孙子亨利·福特二世1930年出任该公司的董事长时,完全甩开了他祖父的某些片面经验。他勤奋好学,虚心地学习其他公司的成功经验,并聘请大量能干的专家组成了研究室和试验室。在以后的几十年中,他又成功地把电脑引进该公司

的许多工作领域，大幅度地提高了工作效率。

亨利·福特二世的好学精神弥补了他本来缺乏的能力和经验，使福特汽车公司能迅速地跟上时代发展的步伐，在竞争日益激烈的汽车业中，继续保持着他本身的强大生命力。对于任何一个经营者来说，永远要有不自满的工作态度，像福特二世那样，不断地总结经验、改进工作、丰富知识，哪怕已经获得了巨大的成就。

曾经的美国石油大王、美国首富格帝认为，一个企业家必须具有丰富的知识储备，这是他事业成功的前提。一方面，他应当掌握全面的专业技术知识，才能在强手如林的竞争中不迷失自己；另一方面，在当今这个专业化分工越来越细的时代，企业家强化自我对社会应负的责任，进行大量的人文科学方面的训练是至关重要的，因为这能使人高瞻远瞩，看清形势，以不变应万变，达到预测将来的目的。

以上二者是相互促进的，在人一生的发展中不应有所偏离。的确，格帝本人就是这样，他既对石油钻探、股票交易等专门技术有着令人惊讶的熟练，又狂热地学习世界历史，搜集各地的精美艺术品。而这些丰富知识的得来，在很大程度上源自其早年广泛的学习和实践。

✳ 只有学习，才能走向成功

在哈佛众多的商业精英中，喜欢学习善于学习的人比比皆是。1940 年毕业于哈佛大学，曾任美国财政部长的唐纳德·托马斯·里甘就是一个典范。

里甘是美国马萨诸塞州人，他于 1940 年毕业于哈佛大学。第二次世界大战时，他参加美国海军陆战队。退役后，他进入华尔街著名的美林证券工作。从此，他平步青云，直至在里根政府中担任财政部长、白宫办公厅主任。在职期间，他访问过中国。1987 年，他卸任返乡。

在华尔街工作期间，他在美国股票市场上"兴风作浪"，在华尔街"翻云覆雨"，成为金融界里财雄势大的人物。在担任财政部长期间，他为美国播下了意义最为深远的税收改革的种子。而作为办公厅主任，他孜孜不倦并卓有成效地为美国国会出谋划策。无论是在美国金融界还是在美国政界，他都取得了卓越的成就。

里甘喜欢用知识武装自己，他几乎终生学习。他知识渊博而又善于

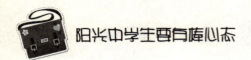

分析，他强调知识在社会中起着相当重要的作用。他还善于思索，他常喜欢用苏格拉底式的问答法问自己：你真正想做的是什么？你为什么要做这件事？你现在在做些什么？你为什么这样做？这便是他常常检验自己的法宝，他用"简单问题"的方式来达到自己学以致用的目的。

他具有与证券经纪有关的广博知识，诸如：有多少种类的证券及其利弊，各证券间如何买卖兑换，能反映股票价格升降趋势的"价格指数"等。对此，他都有深入透彻的研究。较好的法学知识是他从事证券工作必不可少的；金融学（包括银行学）方面的知识也是帮助他在股票市场中叱咤风云的一个原因。

实际上，里甘并非技止于此。他曾说："我从不认为自己会是一个好的业务人才，我是很蹩脚的经营者。而这不是一种婉转的说法。我能了解业务如何进行，这使我很惊讶，因为我从未认为自己在这方面有任何天赋。另一件使我惊讶的是我把事情弄好之后所得到的满足感。"

＊ 丰富你的学习途径

学习的方法非常多，每个人从小到大都在学习，除了学校的书本学习之外，从生活中也能学到很多东西。

第一，每天抽时间多读书。现在世界上平均每5分钟就会有一项新的发明；中国内地每一个月出版13000种不同的新书。身处快速发展的时代，如果不及时补充信息，就真的跟不上时代的步伐。无论读书、读杂志，还是读网络上的信息，我们都必须及时更新自己的信息库。

第二，上好每一节课。努力把学校里的课本都弄懂，并认真上好每一节课。一场演讲表面上只有一两个小时的内容，可这些却是老师从过去二三十年丰富的工作生活经验中整理和萃取出来的智慧精华。这是互动性最强、效率最高的学习方式。

第三，学会整合资源。要经常整合我们所学的信息，将学到的知识按照自己在学习、生活上的需要，归纳成几类不同的信息，分别整理进不同的档案。这样就可以把所学到的东西，真正整合运用到自己学习的专业或技巧上。

第四，学完了多运用。学问光学还不够，最重要的是学以致用。我们

把所掌握的知识整合后加以运用，真正地让这些知识变成可以活用的知识，发挥最大的效益。

第五，学着多检讨。成功和失败之间只是一线之隔。当我们遇到挫折时，应该把握机会加以自我检讨——有哪些地方还可以改善和加强，如何修正原来没有做好的地方。这样就可以调整错误的角度，使你朝一个正确的方向努力，而不会始终在原地踏步。常常不断地检讨、思考，不仅要将原来没有做好的地方加以调整、改进、做好，也要看看自己有哪些地方做对了，可以往更好的方向扩展。

第六，与家人朋友及周围人多分享。分享是最好的学习。很多东西学会之后，如果只是自己运用、自己得到、自己发展，那是非常局限的。知识应该不断地传播运用，才能检验其正确与否，你也才能在这个过程中学到更多的新知识。

这是一个由学习能力决定成就高低的知识经济时代，每一个人都可以有机会胜出。无论你在学校受过多少教育，也不管你家庭的贫富贵贱，只要你能够学习，都有机会独占鳌头、成就斐然。

8 相信自我，走好自己的路

真挚真爱真诚是我一切
越难越行自信强
敢说敢笑敢行未会恐慌
只要相信可得到一生盼望
只要相信可跨过这路障
只要相信可激发那温暖火光

——《自信》叶倩文

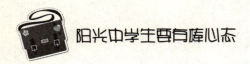

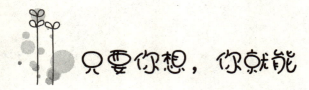

只要你想，你就能

　　一个黑人母亲带着女儿到伯明翰买衣服。一个白人店员挡住女儿，不让她进试衣间试穿，并傲慢地说："此试衣间只有白人才能用，你们只能去储藏室里一间专供黑人用的试衣间。"可这位母亲根本不理睬，她冷冰冰地对店员说："我女儿今天如果不能进这间试衣间，我就换一家店购衣！"女店员为留住生意，只好让她们进了这间试衣间，自己则站在门口望风，生怕有人看到。那个场景，让女儿感触良深。

　　又有一次，女儿在一家店里摸了摸帽子而受到白人店员的训斥，这位母亲再次挺身而出："请不要这样对我的女儿说话。"然后，她对女儿说："康蒂，你现在把这店里的每一顶帽子都摸一下吧。"女儿快乐地按母亲的吩咐，真把每顶自己喜爱的帽子都摸了一遍，那个女店员只能站一旁干瞪眼。

　　面对这些歧视和不公，母亲对女儿说："记住，孩子，这一切都会改变的。这种不公正不是你的错，你的肤色和你的家庭是你不可分割的一部分，这无法改变也没有什么不对。要改变自己低下的社会地位，只有做得比别人好、更好，你才会有机会。"

　　从那一刻起，不卑不屈成了女儿受用一生的财富。她坚信只有教育才能让自己获得知识，做得比别人更好；教育不仅是她自身完善的手段，还是她捍卫自尊和超越平凡的武器。

　　后来，这位出生在亚拉巴马伯明翰种族隔离区的黑丫头，荣登"福布斯"杂志"2004 年全世界最有权势女人"宝座，她就是美国国务卿赖斯。

　　赖斯回忆说："母亲对我说，康蒂，你的人生目标不是从'白人专用'的店里买到汉堡包，而是，只要你想，并且为之奋斗，你就有可能做成任何大事。"

现实是无奈的，但这并不意味着我们就丧失了一切选择的权利。因为，歧视和不公在制造了灰暗的同时，还催生了奋斗。

是的，我们无法选择种族、血缘，无法选择身体、发肤，乃至家庭，但我们可以选择奋斗。

在没有得到你的同意前，任何人都无法让你感到自惭形秽。正如赖斯的母亲所说，只要你想，并且为之奋斗，你就有可能做成任何大事！

智慧心语：

路是脚踏出来的，历史是人写出来的。人的每一步行动都在书写自己的历史。

——吉鸿昌

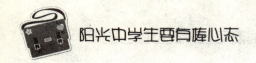

只有"想不到"，没有"做不到"

生命中，没有什么比完成别人口中"办不到"的事情更过瘾的事了。人生的一大乐事就是完成别人认为你做不到的事，勇敢地突破自我，超越自我。

历史上最伟大的成就在开始时往往被认为"这是绝对无法做到的"。林肯认为自己是与生俱来的胜利者。在他看来，没有干不成的事。下面就是他经常向人们讲述的一个故事：

林肯小时候曾经做过一件他父亲认为不可能的事情。林肯的父亲在西雅图以非常低廉的价格买了一座农场。农场里面有许多石头，看上去非常牢固，仿佛和山紧紧地连在了一起。

有一天，林肯的母亲建议把上面的石头搬走。父亲说："如果可以搬走的话，别人就不会以这么低的价格卖给我们了，它们是一座座牢不可动的小山头。"

那座农场一直保持原样。直到有一天，父亲去城里办事，林肯的母亲带着孩子们来到农场。母亲说："孩子们，让我们把这些碍事的东西搬走，好吗？"

"它那么牢固，这怎么可能？"林肯的哥哥对母亲说。

"孩子，只要我们决心把它们搬开，就没有什么不可能的。"母亲对孩子们说。

于是，林肯和家人一起开始挖石头。他们只往下挖了一英尺，那些看似生着根的石头就晃动起来。不长时间，所有的石头就被清理干净了。

"不可能"就像那座农场中的石块压在我们心头，使我们放弃唾手可得的胜利。如果能够把这些石头从我们的心头搬开，那么就没有什么事情做不到了。

目标是可以安排的，人生是可以规划的。无论什么事情，只要你敢想，你就一定能做到。在成功路上，想到才能做到，只要我们拥有坚定的信心和勇气，那么只有想不到的事情，没有做不到的事情。

智慧心语：

没有失败经验的人，不可能成功。

——刘易斯·托马斯

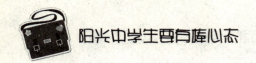

剔除人生词典中的"不可能"

美国成功学创始人拿破仑·希尔博士年轻时立志要做一名作家。

要达到这个目的，他知道自己必须精于遣词造句，那么他需要购买一本词典。但是由于他小时候家里很穷，因此，那些"善意的朋友"就告诉他，说他的雄心壮志是"不可能"实现的，劝他不要异想天开。

年轻的希尔并没有接受朋友的劝告，他用打零工挣来的钱买来了一本最好的、最完整的、最漂亮的词典。他所需要的词都在这本词典里。

他做了一件很奇特的事：他找到"不可能"这个词，用剪刀把它剪下来，然后丢掉。于是他便有了一本没有"不可能"的词典。

之后，他把整个事业都建立在这个前提下，那就是：对一个迫切想获得成功的人来说，没有任何事情是不可能的。

最终，他成为美国商政两界的著名导师，被罗斯福总统誉为"百万富翁的铸造者"。他的著作《人人都能成功》成为世界最著名的畅销书之一。

我们不是建议你和拿破仑·希尔一样把"不可能"从自己的词典剪掉，而是建议你把它从你的头脑，从你的心中，从你的态度，从你的观念中铲除掉。人生中无论干什么事都不要一开始就被他人的"不可能"或自己想法中的"不可能"吓怕，导致行动畏首畏尾，最后一事无成。多一些勇气，多一些坚定，多一些自信，你人生中的很多"不可能"都将变成"可能"。

智慧心语：

人类灵魂深处，有许多沉睡的力量。唤醒这些人类从未梦想过的力量，巧妙运用，便能彻底改变一生。

——奥瑞森·马尔登

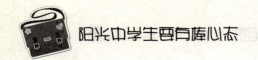

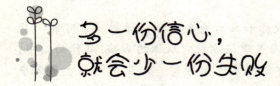

不是因为有些事情难以做到，我们才失去自信。而是因为我们失去了自信，有些事情才变得难以做到。

克勒蒙特·史东是一位著名的成功人士，他是属于古典的《赫雷萧·亚尔嘉成功谈》故事里的主角型人物。他早年的生活非常贫困，在南塞德卖报生涯中开始他的创业。

他在自己办的杂志《成功》中谈到："不必理睬向你说'不可能'这些悲观字眼的人。"然后提出好的方法来证明"那种事不可能"乃是谎言。以下就是他的建议：

"有数百万人在他们的人生中拥有能力却不能实现更高的目标，这是为什么呢？

听到别人对他说'那种事是不可能的'，他自己就相信了。并且未曾学习和应用'积极思考'来振奋自己。如果他们能有意识地树立积极的态度，周围纵然满是荆棘，也能在不侵犯他人权益的情况下，达到所有目标。

他们如果采取下列行动，就必能实现一生的最高目标，解决最困难的问题：

第一，对自己读到、听到、看到、想到以及经历的事物加以剖析、有所领悟并灵活运用。

第二，设定极高的理想目标并写成文章，然后每天利用30分钟或更长的时间，就该目标学习、思考、拟订计划。这样重复多次以后，潜意识中将会显现所要的答案。"

182

你比自己想象的要强！我们总是自己限制自己，同时让他人给自己更多的限制。当你解放思想并使自己的想象力得以充分发挥时，你就能冲破脑子里给自己设定的原有框框，你就能取得真正的成功，把尝试似乎不可能的事当成是一种乐趣，世上就会少很多不能完成的"不可能"。

智慧心语：

人人都可以成为自己命运的建筑师。

——培根

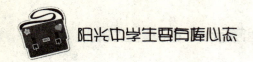

你不放弃希望，希望就不放弃你

爱迪生67岁那年，苦心经营的工厂发生了火灾，所有东西毁于一旦，所造成的损失不少于200万美元，而且多年精心研究的成果也全部付之一炬。更令人痛心的是，由于那些厂房是钢筋水泥所造，当时人们认为那是可以防火的，所以，他的工厂保险投资很少，只有10%的理赔额。

当他的儿子查尔斯·爱迪生听说这场灾难之后，紧张地找他的父亲，发现老爱迪生就站在火场附近，满面通红，满头白发在寒风中飘扬。查尔斯后来向人描述说："我的心情很悲痛，他已经不再年轻，所有的心血却毁于一旦，可是他一看到我却叫道：'查尔斯，你妈妈在哪里？'我说：'我不知道。'他又大叫：'快去找她，立刻找她来，她这一生不可能再看到这种场面了。'"

第二天一早，老爱迪生走过火场，看着所有的希望和梦想毁于一旦，原本应该痛心绝望的他却说："这场火灾绝对有价值。我们所有的过错，都随着火灾而毁灭。感谢上帝，我们可以从头做起。"就在三周之后，也就是那场大火之后的第21天，爱迪生制造了世界上第一部留声机。

梦想就是一种希望，梦想就是一种信念，梦想就是相信明天会比今天更美好。可能会有人说梦想是超现实的，是不切实际的，但是别忘了，爱因斯坦也曾被人指责太爱做白日梦。不要因为别人的几句冷言冷语就让自己的梦想之火熄灭。

梦想的实现是你自己的事情，自己的梦想是否适合只有自己知道，不要轻易因别人的否定而丧失信心，不要对梦想持一种鄙夷或不屑的看法。

我们从童年到老年，谁也不能离开梦想或希望而生活。当你遇到挫折的时候，想象一下你成功后的景象，这种放眼长远、相信明天会比今天更好的信念将会赐予你无穷的动力。

智慧心语：

人生包括两部分：过去的是一个梦；未来的是一个希望。

——霍桑

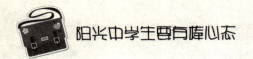

 学会顶着议论前进

　　俄国大化学家布特列洛夫，从小就酷爱化学。在中学读书时，有一次，他背着老师一个人偷偷地走进化学实验室做起化学实验来，不料试管爆炸，险些发生意外。这件事引起一些同学的非议，有的同学在他的书桌上贴上"伟大的化学家"的纸条，竭尽冷嘲热讽之能事。和他比较要好的同学关心地对他说："算了吧，不要再做实验了，同学们讽刺你、议论你，压力多大呀？"

　　可是他并没有气馁，而是总结了经验，以后再上实验室时事先请示老师，并严格遵守实验规则，以百折不挠的精神继续钻研，终于熟练地掌握了中学化学课中的全部基础实验，并培养了对化学科学的浓厚兴趣，为以后从事化学研究奠定了基础。十几年后，布特列洛夫在化学研究方面做出了举世瞩目的贡献，成为世界著名的化学家。

　　郑板桥说过："千磨万击还坚劲，任尔东西南北风。"别人的议论也是一种逆境，要学会经得住逆境的磨炼。不怕别人的议论，要把议论当做作动力，学会顶着议论前进。

　　同学们在日常生活中，若遭到同学的非议，要敢于正视议论，不要被议论所吓倒。要把它当做磨炼意志的最好时机，继续做自己应该做的事情，这样才有可能取得成功。

我们生活在群体中，每天都和群体发生着联系。被同学议论是生活中的常事，正如俗语所说："谁人背后无人说。"如果我们冷静地思考一下，就会发现，被人议论并非坏事。就议论的动机而言，有善意的议论和恶意的议论；就议论的内容而言，有正确的议论和不正确的议论。对于恶意的和不正确的议论我们要顶住，不要受影响，要坚持自己正确的观点和做法。对于善意的议论要认真分析，吸取合理的意见。

智慧心语：

走自己的路，让别人说去吧。

——但丁

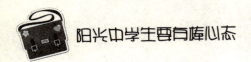

自卑是可以彻底摆脱的

十几年前，他从一个仅有20多万人口的北方小城考进了北京的大学。上学的第一天，与他邻桌的女同学第一句话就问他："你从哪里来？"而这个问题正是他最忌讳的，因为在他的逻辑里，出生于小城，就意味着小家子气，没见过世面，肯定被那些来自大城市的同学瞧不起。

就因为这个女同学的问话，使他一个学期都不敢和同班的女同学说话，以致一个学期结束的时候，很多同班的女同学都不认识他。

很长一段时间，自卑的阴影都占据着他的心灵。最明显的体现就是每次照相，他都要下意识地戴上一个大墨镜，以掩饰自己的内心。

二十年前，她也在北京的一所大学里上学。

大部分日子，她也都在疑心、自卑中度过。她疑心同学们会在暗地里嘲笑她，嫌她肥胖的样子太难看。

她不敢穿裙子，不敢上体育课。大学结束的时候，她差点儿毕不了业，不是因为功课太差，而是因为她不敢参加体育长跑测试！老师说："只要你跑了，不管多慢，都算你及格。"可她就是不跑。她想跟老师解释，她不是在抗拒，而是因为恐慌，恐惧自己肥胖的身体跑起步来一定非常的愚笨，一定会遭到同学们的嘲笑。可是，她连给老师解释的勇气也没有，茫然不知所措，只能傻乎乎地跟着老师走。老师回家做饭去了，她也跟着。最后老师烦了，勉强算她及格。

在若干年后播出的一个电视晚会上，她对他说："要是那时候我们是同学，可能是永远不会说话的两个人。你会认为，人家是北京城里的姑娘，怎么会瞧得起我呢？而我则会想，人家长得那么帅，怎么会瞧得上我呢？"

他，现在是中央电视台著名主持人，经常对着全国几亿电视观众侃侃而谈，他主持节目给人印象最深的特点就是从容自信。他的名字叫白岩松。

她，现在也是中央电视台著名节目主持人，而且是第一个完全依靠才气而丝毫没有凭借外貌走上中央电视台主持人岗位的。她的名字叫张越。

原来他们也会自卑，原来自卑是可以彻底摆脱的。

每个人心里都有自卑感，但过度的自卑则是百害而无一利。产生自卑的原因有很多，父母的教育方式不正确，个人某方面的生理缺陷等都有可能造成自卑。现代社会是个充满竞争的社会，"出人头地"的风气越来越盛行，这也是造成某些人自卑感重的重要原因。

自卑的人往往对自己评价过低，喜欢拿自己的短处比别人的长处，越比越觉得自己不如别人，从而压抑自己的欲望，在人多的场合不敢表现自己。有的心理学家认为，自卑感是人类在其成长过程中不可少的东西，因为任何人的能力都会有所不足，因而也就易生自卑，为了克服自卑，便会努力奋斗。

但过分自卑则会导致性格内向，胆小怕事，甚至形成心理障碍，不及时改变会影响一生。所以，有自卑感并不是一件难为情的事，但需要时时找到自己的长处，给自己树立自信，这样个人身心才能得到健康的成长。

智慧心语：

去做你害怕的事，害怕自然就会消逝。

——爱默生

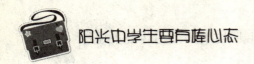

别为失败找借口

　　闻名世界的西点军校强化这样一个原则：每一位学员想尽办法去完成任何一项任务，而不是为没有完成任务去寻找借口，哪怕是看似合理的借口。西点军校两百年来奉行的最重要的行为准则就是——没有任何借口。这也是西点军校传授给每一位新生的第一个理念。

　　曾经有一位西点军校的学员这样描述他在西点所上的第一课："在'西点'，我作为新生学到的第一课，来自一位高年级学员，他冲着我大声训导。他告诉我，不管什么时候遇到学长或军官问话，只能有一种回答：'报告长官，是！''报告长官，不是！''报告长官，没有任何借口！''报告长官，我不知道！'除此之外，不能多说一个字。"

　　在西点军校里，军官最讨厌的就是喋喋不休、长篇大论的辩解。他们只要求你把好的结果带给他，否则的话，你只能得到一顿训斥。

　　"西点"让我们了解到这样的一个道理：如果你不得不带队出征，那就别找什么借口了，并在当晚给士兵母亲写信。不仅是在"西点"，整个美国的军队都一直把"不能寻找借口"这一观点传达给每一个士兵。

　　西点军校之所以享誉世界，是因为它培养出了众多杰出军事人才。而学员们能取得优异成绩，与他们能够无条件地服从命令有着密切的关系。同样的道理，没有任何借口地服从命令、完成老师交给的任务，也是每一个人走向成功的必经之路。

　　为自己寻找借口是一件相当不划算的事。你找到借口，也许会让你得到暂时的利益，但从长远来看，你将付出比所得利益多得多的代价。所以，与其想方设法寻找借口，不如把时间花在如何更好地完成任务上面。

智慧心语：

宿命论是那些缺乏意志力的弱者的借口。

——罗曼·罗兰

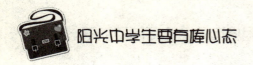

锲而不舍才能金石为开

你知道石匠是怎么敲开一块大石头的吗？他所拥有的工具只不过是一个小铁锤和一个小凿子，可是这块大石头却硬得很。当他举起锤子重重地敲下第一击时，没有敲下一块碎片，甚至连一丝凿痕都没有，可是他并不以为意，继续举起锤子一下再一下地敲。一百下、两百下、三百下，大石头上依然没出现任何裂痕。

可是石匠还是没有懈怠，继续举起锤子重重地敲下去。路过的人看他如此卖力而不见成效却还继续硬敲，不免窃窃私语，甚至有些人还笑他傻。可是石匠并未理会，他知道虽然所做的还没立即看到成效，不过那并非表示没有进展。

他又挑了大石头的另一个面敲，一锤又一锤，也不知道是敲到第五百下还是第七百下，或者是第一千下，终于看到了成效。那不只是敲下一块碎片，而是整块大石头裂成了两半。

难道说是他最后那一击，使得这块石头裂开的吗？当然不是，而是他一而再，再而三连续敲击的结果。

这个隐喻给我们很大的启示，把目标紧紧攥在手心里，并保持持续不断的努力，有如那把小铁锤，就能敲碎一切横在人生路途上的巨大石块。

专注能提高效率，专注能使目标明确。作为一名中学生，全神专注地听课或做作业也是其必备的素质之一。只要专心致志盯住目标，而且不犹豫、不走神，干什么都能成功。就像打井一样，打到一半深度可能没有水，这时你转移方向，就可能前功尽弃。而只要你坚持下去再深挖一下，这口井就能打成。

智慧心语：

古今之成大事业、大学问者，必经过三种之境界："昨夜西风凋碧树，独上高楼，望尽天涯路"，此第一境界也；"衣带渐宽终不悔，为伊消得人憔悴"，此第二境界也；"众里寻他千百度，蓦然回首，那人却在灯火阑珊处"，此第三境界也。

——王国维

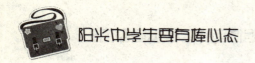

心态法则 跨栏定律：正确面对打击

日常生活中我们不难发现，盲人的听觉、触觉、嗅觉都要比一般人灵敏；失去双臂的人平衡感更强，双脚更灵巧；在音乐上有着高深造诣的人往往听觉或者视觉有缺陷……后来，研究者们将这种现象称为"跨栏定律"，即一个人的成就大小往往取决于他所遇到的困难的程度。上帝在关上一扇门的时候，往往同时打开一扇窗。但是只有经过不断的努力，才能找到新的出口在哪里。

❋ 困难是人生中的一味作料

人生在世，不可能万事都一帆风顺。当你遭遇失败时，当一切似乎都是暗淡无光时，当你的问题看起来似乎不会有什么好的解决办法时，你该怎样做呢？你会无所作为，听任困难压倒你吗？

假如生活是一锅汤，那困难就是作料，正是困难使生活充满情趣。每一个困难都是上天特意安排给你的磨炼。玉不琢，不成器，只有经过一番寒彻骨，才能换得梅花扑鼻香。

如果说昨天属于死神，明天属于上帝，那么唯有今天属于我们。不要在昨天的阴影中无法释怀，不要在明天的挑战中不战而退，应该勇敢地面对今天，勇敢地面对人生。

人们往往认为，一些患病的器官一定处于非常糟糕的状态中，机能非常差。然而，外科医生们在长期的临床实验中发现，那些患病器官反而比正常的器官机能更强，比如：肾病患者患病的那只肾要比正常的大；心脏、肺等几乎所有人体器官也都存在着类似的情况。研究者们将这种现象解释

为，患病器官在和病毒作斗争的过程中，会使器官的功能不断增强。

困难，是花钱买不到的经验。逆境，往往蕴藏着机遇。只要心存信念，勇敢地站起来，总有奇迹会发生。一切困难都是纸老虎，不要怕困难，越努力运气就越好。

问题的大小决定了答案的大小。沙粒进入蚌壳，妨碍了它正常的生长，蚌却把沙粒变成了珍珠。英国有一句老话：如果这件事毁不了你，那它就会令你更加强大。正是人生中的障碍、磨炼和困难使我们更强大。

* **正确面对打击，跌倒要能够爬起**

爱德华·依文斯是一家上市公司的创始人，但是在其感人的成功之路背后，有一段令人唏嘘的挫折故事。

出身贫苦的依文斯依靠卖报、办杂货店起家。当事业小成的时候，他连遭厄运，先是替朋友担保的支票遭遇了清算风波，接着是其全部财产随着储蓄银行的倒闭而瞬间消失。很快地，依文斯除了16万美元的债务外一无所有。厄运似乎并不愿就此放弃对他的折磨，医生告诉他，他只有两个礼拜的寿命……

突然被推到生死边缘，依文斯反倒坦然下来，决定从此努力把握剩余的每一天，奇迹终于打败了厄运。两个星期后，依文斯依然生龙活虎。六个星期后，依文斯更加健壮了。经此一难，依文斯忽然有所顿悟：让一切的患得患失见鬼去吧！

从此，依文斯安心于工作，而不问今天的报酬，30元和2000万元对他来说，只是个数字而已，他更加重视工作所带来的体验。

也许是奇迹拯救了依文斯，也许是心态唤来了奇迹。命运将一道高高的栅栏横在他面前，他曾一度跌倒，但他最终重拾自信，成功地成为了"跨栏者"。

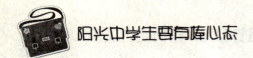

＊ 每个人的涅槃，往往是从心态开始

电影《阿甘正传》被很多人奉为经典。主人公阿甘的运气固然令人羡慕，但他执著、不怕困难的品质更值得称颂。

阿甘是美国的乒乓球巨星，直接参与了中美两国的乒乓外交活动，并受到了总统的接见；他又是一个捕虾公司的老板，并成了百万富翁；有一天，阿甘突然觉得自己想跑，于是他开始奔跑，这一跑就横越了整个美国，他又一次成了名人。

正是凭着这种只把握今天的执著，阿甘创造了自己人生的辉煌，但是，阿甘曾是被人厌弃的低能儿。他深爱母亲和珍妮，他最简单的信条就是听妈妈的话，而妈妈让他像接受生命一样去接受生活的馈赠……

阿甘所爱的珍妮几次离他而去，但是阿甘仍然没有放弃自己的生活，没有放弃自己的爱。直到有一天，他被成功青睐，被爱情垂青……

即使全世界都离你而去，你都不要忘了守护自己的梦想；即使全世界都唾弃了你，你都不要忘记珍视自己，珍视生活的馈赠。

＊ 有希望，困难就会变得渺小

人生可以没有很多东西，却唯独不能没有希望。有了希望就有了信心，有了信心，便不在乎任何困难和挑战。

有一天，思科公司人力资源经理面试了一个年轻人："年轻人，我们这里并没有贴出招聘广告啊，你来干什么呢？"

"呃，我路过这里，我只是想来试试。"年轻人诚实地回答。

年轻人的坦率引起了经理的兴趣，决定给他一次机会。但是面试的结果却令人很失望。年轻人认为这是因为准备不足的原因。年轻人走后，经理很快就把他忘了。

出人意料的是，年轻人一周后又走进了思科的大门。这一次，他依然没有成功，虽然比起第一次，他表现得更加好。"等你准备好了再来吧，"

经理很遗憾地对他说。

就这样，这句话在思科的人力资源部一共响起了 5 次。年轻人最终成功了。

不要为人生设阻，成功 =99 次的跌倒 +100 次的爬起！自己不打倒自己，就没有人能打倒你。勇敢地跨越生命中的障碍，就可以获得不一样的人生。

做一个勇敢的"跨栏者"吧！竖在你面前的栏越高，你跳得也越高。

9 摆正心态，让人生一路通途

在那时候我们身边都有一卡车的难题
不知道成功的意义就在超越自己
我们都是和自己赛跑的人
为了更好的未来拼命努力
争取一种意义非凡的胜利
我们都是和自己赛跑的人
为了更好的明天拼命努力
前方没有终点
我们永不停息

——《和自己赛跑的人》李宗盛

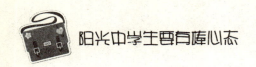
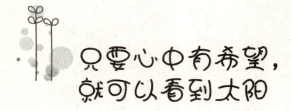

只要心中有希望，就可以看到太阳

　　海伦·凯勒是闻名世界的美国聋哑女作家、教育家。1880 年，她出生于美国亚拉巴马州，1882 年才两岁的海伦因患猩红热两耳失聪，双目失明，从此陷入了无声的黑暗世界。

　　7 岁时，安妮·沙利文担任她的家庭教师，从此成了她的良师益友，两人相处达 50 年。尽管她只能依靠手的触摸来认识这个世界，但是在沙利文的帮助之下，海伦竟然考入了哈佛大学拉德克利夫女子学院。在大学期间，她写了《我生命的故事》一书，讲述她如何战胜病残，给成千上万的残疾人和正常人带来鼓舞。如今这本书被翻译成 50 种文字，在世界各国流传。

　　后来，海伦·凯勒成了卓越的社会改革家。她到美国各地，到欧洲、亚洲发表演说，为盲人、聋哑人筹集资金。第二次世界大战期间，她又访问多所医院，慰问失明士兵，她的精神备受人们崇敬。为了表示对这位没有在盲聋哑面前屈服的勇敢女士，1959 年联合国发起了"海伦·凯勒"世界运动。

　　海伦·凯勒曾经说过，信心是命运的主宰。在黑暗的恐吓下，在寂静的孤独中，在病痛的折磨下，她从没有失去过希望，于是她成功地主宰了自己的命运，做到了连许多正常人都无法做到的事情，让自己被这个世界所认识、接受和崇敬。

绝境，只有对于消极悲伤的人来说才是绝境。而对于抱着希望的人来说，绝境是一个可以得到锻炼的机会。只要抱有希望，我们在阴云密布中也可以看得到太阳的光芒，在漆黑的夜里也会看得见星星的闪烁。

智慧心语：

生活中需要希望，没有希望，生活将无法继续；学习中需要希望，没有希望，学习将毫无乐趣；成功需要希望，没有希望，我们面临的只有失败与挫折；人生需要希望，没有希望，生命将如一口枯井，了无生趣。

——邢奕竹

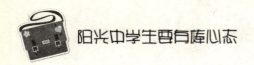

做快乐钥匙的主人

美国著名专栏作家哈里斯和朋友在报摊上买报纸，那朋友礼貌地对报贩说了声"谢谢"，但报贩却冷口冷脸，不发一言。

"这家伙态度很差，是不是？"他们继续前行时，哈里斯问道。

"他每天晚上都是这样的。"朋友说。

"那么你为什么还是对他那么客气？"哈里斯问他。

朋友答道："为什么我要让他决定我的行为？"

每个人心中都有把"快乐的钥匙"，但我们却常在不知不觉中把它交给别人掌管。

一位女士抱怨道："我活得很不快乐，因为先生常出差不在家。"她把快乐的钥匙放在先生手里；一位妈妈说："我的孩子不听话，叫我很生气！"她把快乐钥匙交在孩子手中；男人可能说："上司不赏识我，所以我情绪低落。"他把快乐钥匙又塞在老板手里；一位婆婆说："我的媳妇不孝顺，我真命苦"；一位姑娘说："道士说我面相不好，一辈子没好运，真郁闷"；一位年轻人从文具店走出来说："那位老板服务态度恶劣，把我的肺气炸了！"这些人都做了相同的决定，就是让别人来控制自己的心情。

当我们容许别人掌控我们的情绪时，我们便觉得自己是受害者，对现况无能为力，抱怨与愤怒成为我们唯一的选择。我们开始怪罪他人，并且传达一个信息："我这样痛苦，都是你造成的，你要为我的痛苦负责！"

此时我们就把一项重大的责任托给周围的人，即要求他们使我们快乐。我们似乎承认自己无法掌控自己，只能可怜地任人摆布。

一个成熟的人能握住自己快乐的钥匙，他不期待别人使他快乐，反而能将快乐与幸福带给别人。这种人情绪稳定，为自己负责，每个人都喜欢和他交朋友。

你的钥匙在哪里？在别人手中吗？快去把它拿回来吧！

智慧心语：

人们需要快乐，就像需要衣服一样。

——玛格瑞特·科利尔·格雷厄姆

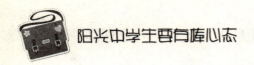

不要因自私而成为孤家寡人

在一座很高很高的大山上住着一位神仙，有很多人想上山找神仙许愿，因为神仙有求必应，但是这座山太高太陡了，没有人上去过。

有一日，神仙在山顶看到山脚下有两个人正在上山，神仙想，这两个人如果上得来，他一定满足他们的愿望。

这两个人在山脚下一步一步地向上爬，开头他们是自己各自爬的，后来就互相帮助一起向上爬。神仙看到这样互相帮助的场景很受感动。他们爬了很长时间，终于到达山顶，神仙说无论他们有什么愿望他都能帮他们实现。

这两个人想了又想但不知道要许什么愿望，神仙对他们说，先讲的有一倍愿望，后讲的有两倍愿望。他们其中一个年轻的说，我年轻，让你先讲。另一个人说，我年长，让你先讲。就这样两个人让来让去，都不肯先说。

这两个人越吵越大声，神仙便说，先讲的有一座金山，后讲的有两座金山。但是他们都让对方先讲，最后都愤怒地看着对方，眼看就要厮打起来。

神仙说：最后一次，如果不说就两个都不给了。

那个年轻一点的人被年长的打了一下，听见神仙最后的警告，马上赌气说：我盲一只眼。这个人马上盲了一只眼。

而另一个人立刻盲了两只眼。

从某种意义上来说，人都是自私的，每个人都习惯于以自我为中心。但是，自私也有程度之别，如果凡事只考虑自己的利益，对别人的利益视而不见，这样只会害人害己，让每个人都讨厌自己，最终因为自己的自私而成为孤家寡人。所以，大家在学习生活中，不要太自私自利，这样对自己一点好处都没有。慷慨大方、乐于助人，这样的人才受周围人群的欢迎。

智慧心语：

如果一个人仅仅想到自己，那么他一生里，伤心的事情一定比快乐的事情来得多。

——西比利亚克

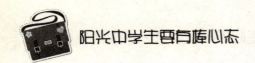

用最适合自己的方式
做最正确的选择

面对人生的种种选择，我们该如何下手？如何选择到最好的？事实上，最适合自己的选择，才是最好的选择。

古希腊哲学大师苏格拉底的三个弟子曾求教老师，怎样才能找到理想的伴侣。

苏格拉底没有直接回答，而是带他们来到一片麦田旁，让他们每个人从田埂的这边走到田埂的那一边，看谁能摘下一支最大、最长的麦穗，条件是不准回头而且每人只能摘一次。

第一个弟子走几步看见一支又大又漂亮的麦穗，高兴地摘下了。但他继续前进时，发现前面有许多比他摘的那支大，但他的一次机会已经用过了。他只得遗憾地走完了全程。

第二个弟子吸取了教训，每当他要摘时，总是提醒自己，后面还有更好的，当他快到终点时才发现，机会全错过了。

第三个弟子吸取了前两位的教训，他在前面的 1／3 路程中分辨出了大、中、小三种麦穗，用中间 1／3 路程来验证自己的想法，当在后面的 1／3 路程中行走时，他走到一支属于他分析出的大型麦穗前，就毫不犹豫地把它摘了下来。虽说这不一定是最大最美的那一支，但他满意地走完了全程。

其实，我们生活中哪一件事不是如此呢，我们都希望自己是摘到最大麦穗的那个人，但只有聪明人才能在仅有的一次选择中选出相对较大的麦穗。因为在选择的过程中，他用了心，用对比的方法进行选择，结果摘到了最好的麦穗。

当然，选择不只有一种方法，不同的选择应根据自己的需要制定不同的方法，最终才能在众多"麦穗"中选到属于自己的"最大的麦穗"。

人生路程中最重要的一课就是学会选择与放弃。选择不是越多越好，有选择就要有放弃，放弃是为了更好地选择。面对太多的选择太多的诱惑，更需要勇敢和智慧，这样才能做出最好的选择。

智慧心语：

踌躇不前意味着让别人控制你的生活。解决的办法是探寻其他选择道路，相信自己有多种选择。一旦意识到这点，就有了行动的基础。

——海厄特

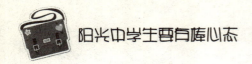

调整心态，获得快乐

乌鸦和喜鹊各占一个山头作为领地，乌鸦的山头长满各种各样的奇花异草，远远望去，是一座十分美丽的大花园。

喜鹊的山头长着各种树木，绿树成荫，十分壮观。乌鸦时常望着对面的山想：还是喜鹊的山头好，自己的山头全是乱七八糟的草，没有一棵成材的东西。喜鹊望着对面的山头想：还是乌鸦的山头好，我这山头全是硬梆梆的大树，一点也不温馨。

乌鸦提出要和喜鹊换领地，这个想法正中喜鹊下怀。它们一拍即合，便交换了领地。

乌鸦飞到喜鹊的领地，一开始感到很新鲜，但不久便发现了新领地的不足，此地没花没草，太单调了。乌鸦很快就后悔了。

喜鹊飞到乌鸦的领地后，一开始感到很满意，但不久发现没有高大的树木栖身，难受极了。它也后悔了。

为了不让对方发现自己后悔，它们白天装着快乐的样子，晚上却彻夜难眠，痛苦不堪。时间长了，它们都知道了对方的真实处境，但谁也不点破。

于是痛苦便伴随了它们一生。

一个人的幸福感和成就感在很大程度上取决于他的生存状态，而其生存状态的好坏又与其心态息息相关。能否摆正心态，是一个人生活幸福的关键所在。心态摆好了，没有什么事情过不了。乌鸦和喜鹊正是因为没有摆正心态，而失去了从前所拥有的快乐。我们在学习生活中，也遇到过这样的情境。在面对这些事情的时候，认真分析，思考得当，将心态调整到平衡的位置，就可以省去很多烦恼。

智慧心语：

这世界除了心理上的失败，实际上并不存在什么失败。

——亨·奥斯汀

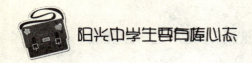

没有最好，只有更好

一位大师在年轻时身处上海，穷困潦倒，常常为一顿饭发愁。他的鞋前面裂开一个口子，像鲇鱼的嘴，他既没钱买新鞋，也没钱缝补。

一日，大师画了一只老虎，拿到街上卖。一外国人看中了这幅画，想买，就问："多少钱？"

大师说："500 美元。"

外国人觉得 500 美元太贵，便说："能不能少点儿呢？"

大师说："不能少！"一边说，一边将画轻轻地撕碎了。

外国人吃了一惊："你怎么撕毁了它呢？多可惜呀！五百美元不卖，少卖点儿也行啊！你是生气了吧？"

大师平静地说道："先生，我没有生气。这画我要价 500 美元，说明我认为它值 500 美元。但是，你跟我讲价，不愿出 500 美元，说明在你眼里它不值这个价钱，也认为它不好。所以，我要继续努力，下次画好，这次画既然没画好，所以我撕了它重画，直到画得顾客承认为止。"

老外想了想，觉得大师说得很对。可那时大师还不是大师，只是个普通的、默默无闻的青年，但就是这个心态，使这个青年日后成为一代雕塑大师，当上了中国美术馆馆长，主持雕塑人民英雄纪念碑上的浮雕，留下了许多经典传世的雕塑作品。

他就是一代宗师刘开渠。

是什么成就了大师？是精益求精、追求完美的心态。我们常常埋怨自己没有成为伟人，却不知道自己是否具有这种良好的心态。伟人并不是与生俱来的，关键是要看你是否有明确的目标，清楚地认识自己想要做什么，并不懈向着它努力。如果当年刘开渠将那张画卖给了外国人的话，或许在赚到钱之后就会知足常乐，以后作画便马虎应对，沦落成为街头画像的艺人，从此平凡度日。

智慧心语：

无论哪一行，都需要职业的技能。天才总应该伴随着那种导向一个目标的、有头脑的、不间断的练习，没有这一点，甚至连最幸运的才能，也会无影无踪地消失。

——德拉克罗瓦

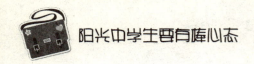

方向性错误，需要我们及时改正

　　一个人要想成功，就必须把眼光放长远。同时，要了解自身所处的位置以及未来的发展方向，才能坚持不懈地走下去。如果方向错了，行动起来就会四处碰壁。所以，找到人生前进的正确方向，是非常关键的。

　　齐鸣是学中文专业的，大学毕业后，他就抱定了一个目标：考金融专业的研究生。为了保证基本的生活，他进了一家出版机构做编辑。他按时上班，按时下班，剩下的时间全用来复习考研，

　　第一年考完，分数下来，没有通过。齐鸣想自己是跨专业考试的，比别人多花一年时间也是应该的，于是摩拳擦掌，准备来年再战。第二年又没考上。齐鸣想任何辉煌的成就都来自艰苦的奋斗，在最黑暗的时刻如果能再坚持一下，也许就会成功，于是做好了第三年再考的准备。遗憾的是，第三年他还是没有考上。这次，老同学来宽慰他，说："你怎么这么傻呢？学金融真的适合你吗？如果你真有这方面的头脑，早就该考上了。"一语点醒齐鸣。看看老同学，同样学中文的，已经升为一家出版机构的编辑部主任了，而自己，由于这两年来心思不在工作上，依旧是个助理编辑。

　　很多人告诉我们要追逐梦想，可没人告诉我们首先要选对梦想。在追逐梦想的过程中，有的人誓要把南墙撞破，可南墙是很难撞破的。有的人撞得头破血流，如果适时回头，就能为人生打开另一番天地。

那些成功者的经历告诉我们：当一个人生理上或心理上有缺陷时，他就要学会选择，懂得放弃，不要去扬短避长。要找出自己的优势，不能只顾着"锲而不舍"、"坚持就是胜利"，如果硬是认为"只要工夫深，铁杵磨成针"，那失败、挫折和困境也就在所难免了。

智慧心语：

每个人都有一定的理想，这种理想决定着他的努力和判断的方向。

——爱因斯坦

213

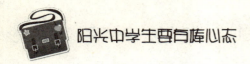

条条大路通罗马，
何必一条道走到黑

　　诺贝尔奖得主莱纳斯·波林说："一个好的研究者知道应该发挥哪些构想，而哪些构想应该丢弃。否则，就会浪费很多时间在无谓的构想上。"

　　有些事情，即使是你做了很大的努力，并为之坚持不懈、苦苦劳作，但最终你会发现你走向的是一条死胡同。这时，就需要你能够退出来，重新研究，寻找对策，重新寻找新的成功机会。

　　美国石油大王洛克菲勒年轻时曾在美国某个石油公司工作，那时，他所从事的只是一项普通工作——巡视并确认石油罐盖有没有自动焊接好。

　　他每天面对这项枯燥无味的简单工作，感到非常厌烦，想换个工作。但他学历不高，也没什么一技之长，所以根本找不到工作。没办法，他只好继续耐心工作。有一次，他发现石油罐盖每旋转一次，焊接剂就滴落39滴。他的脑子里突然有了灵感：如果能将焊接剂减少一两滴，不就节约成本了吗？

　　从那以后，洛克菲勒潜心钻研，研制出"37滴型"焊接机。但利用这种焊接机焊接出来的石油罐，偶尔会漏油，并不实用。面对失败，他没有放弃，仍继续研制，最终研制出了"38滴型"焊接机，焊接出来的石油罐外形非常完美。公司对他的发明十分重视，并生产出了这种机器。尽管只节省了一滴焊接剂，却给公司带来了每年1亿美元的利润！

有一句话讲得很有道理，就是"穷则变，变则通，通则久"。其意思就是不要以一成不变的眼光看待一个问题。当走到了末路之时，就要改变原有的思维，思路要拐弯，学会换位思考，寻找其他的路。

所以撞了南墙一定要回头。条条大路通罗马，一条不行，还有第二条、第三条……不要一成不变，过于死板。不回头，那是指信念与精神的执著。若你做事撞了南墙，撞得一塌糊涂，那就说明路走得不对，不回头可就无可救药了。

智慧心语：

理想如晨星，我们永不能触到，但我们可像航海者一样，借星光的位置而航行。

——史立兹

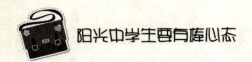

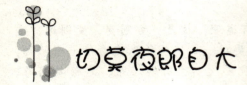

切莫夜郎自大

夜郎自大的故事相信大家都听说过：

汉朝的时候，在西南方有个名叫夜郎的小国家，它虽然是一个独立的国家，可是国土很小，百姓也少，物产更是少得可怜。但是由于邻近地区以夜郎这个国家最大，从没离开过国家的夜郎国国王就以为自己统治的国家是全天下最大的国家。

有一天，夜郎国国王与部下巡视国境的时候，他指着前方问道："这里哪个国家最大呀？"部下们为了迎合国王的心意，于是就说："当然是夜郎国最大啰！"走着走着，国王又抬起头来，望着前方的高山问道："天底下还有比这座山更高的山吗？"部下们回答说："天底下没有比这座山更高的山了。"后来，他们来到河边，国王又问："我认为这可是世界上最长的河了。"部下们仍然异口同声回答说："大王说得一点都没错。"

从此以后，无知的国王就更相信夜郎是天底下最大的国家。

有一次，汉朝派使者来到夜郎，途中先经过夜郎的邻国滇国，滇王问使者："汉朝和我的国家比起来哪个大？"后来来到夜郎，夜郎国王也用狂妄的语气问了同样一个问题。使者一听吓了一跳，他没想到这些小国家，这些骄傲又无知的国王因为不知道自己统治的国家只和汉朝的一个县差不多大，竟然如此不知天高地厚、自大狂妄。

生活中也是这样，见识越广的人越懂得谦虚，而见识愈短浅的人反而愈盲目自大。

现实生活中存在着不少这样夜郎自大的人，在心理上他们被称为"自己显示型"或"自我扩张型"的人，他们具有常常使自己的表现超出于实际水平的倾向。

自我扩张型的人是对"现实我"的认识和评价过度地超估，以至形成虚妄的判定。偶有一得一见，便以为自己十分了不起，忘掉了现实中的"我"，开始进行种种"美妙"的设计，使得自己偏离人生轨迹。在学习生活中，我们一定要改正这样的不良心理，才能真正的进步。

智慧心语：

无论在什么时候，永远不要以为自己已经知道了一切。不管人们把你们评价得多么高，但你们永远要有勇气对自己说：我是个毫无所知的人。

——巴甫洛夫

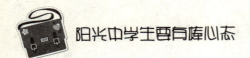

找到那双适合自己的"鞋"

一个男孩子出生在布拉格一个贫穷的犹太人家里。他的性格十分内向、懦弱，没有一点男子气概，非常敏感多愁，总是觉得周围环境都在对他产生压迫和威胁。

男孩的父亲竭力想把他培养成一个标准的男子汉，希望他具有风风火火、宁折不屈、刚毅勇敢的特征。

在父亲那粗暴、严厉且又很自负的培养下，他的性格不但没有变得刚烈勇敢，反而更加懦弱自卑，连仅有的一点自信心都丧失了，致使生活中每一件不顺的小事，对他来说都是一个不小的灾难。他在困惑痛苦中长大，他整天都在察言观色。他常独自躲在角落里悄悄咀嚼内心受到的痛苦，小心翼翼地猜度着又会有什么样的伤害落到他身上。看到他的那个样子，周围的人都觉得他非常没出息。

看来，懦弱、内向的他，接下来的人生注定是一场悲剧。

然而，令人们始料未及的是，这个男孩后来成了20世纪上半叶世界上最伟大的文学家，他就是奥地利的卡夫卡。

卡夫卡为什么会成功呢？因为他后来找到了适合自己的生存方式，他内向、懦弱、多愁善感的性格，正好适宜从事文学创作。在这个他为自己营造的艺术王国中，在这个他可以自由畅游的精神家园里，他的懦弱、悲观、消极等弱点，反倒使他对世界、生活、人生、命运有了更尖锐、敏感、深刻的认识。他以自己在生活中受到的压抑、苦闷为题材，开创了一个文学史上全新的艺术流派———意识流。他在作品中，把荒诞的世界、扭曲的观念、变形的人格，解剖得非常淋漓尽致。他给世界留下了《变形记》、《城堡》、《审判》等许多不朽的巨著。

是的，人的性格是与生俱来不可随意硬性逆转的，就像我们的双脚，大小是无法再改变的。那么，就别再抱怨你的双脚，还是去选取一双适合自己双脚的鞋吧！

世界上有许多美好的东西，但并不是每件美好的东西都属于你的，你只能选取最适合自己的东西。每个人的个性是有差异的，你千万不能拿别人的性格特征、言行举止硬贴在自己身上。每个人都会有自己的价值，只要你承认自己，肯定自己，并找到适合自己的发展方向，那么在最后的成就上就有可能不分上下。

智慧心语：

你若要喜爱你自己的价值，你就得给世界创造价值。

——歌德

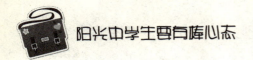

勇于认错是人格健全的表现

乔治·华盛顿小的时候十分淘气，在他9岁那年，父亲买了一把十分精巧而锋利的斧头，准备将果园里的杂树砍掉。正巧一位邻居请父亲去帮忙，父亲放下斧头就出去了。

望着墙角那把闪闪发光的斧头，小华盛顿按捺不住心头的好奇，他决定试一试这把斧头，看看它到底有多锋利。于是，他偷偷地拿起斧头，蹑手蹑脚地跑到父亲的果园里，选了一棵最细的樱桃树，用力挥起了斧子，只听"咔嚓"一声，小樱桃树应声倒地。看着自己的"战果"，小华盛顿神气地挥了挥斧头，骄傲地笑了。他又轻手轻脚地跑回屋子，把斧头放回了原处。

傍晚时分，父亲回来了，他一眼就看到那棵被砍倒的樱桃树。那可是他花了好大力气才培育出的新品种啊！望着躺在地上的樱桃树，父亲不禁怒火中烧，冲着屋子大喊："这是谁干的？"

家里人闻声都跑了出来。这下，小华盛顿才知道自己闯了大祸。他怯生生地走到父亲身边，低着头说："爸爸，是我干的。"

"你为什么要砍我的樱桃树？"父亲生气地质问。

小华盛顿从来没看到父亲这么生气，吓得浑身哆嗦，但他还是把事情的原委说了出来。说完后，他低着头，准备接受父亲的惩罚。

奇怪的是，父亲不仅没有责备他，反而把他紧紧地搂在怀里，摸着他的头，意味深长地说："好孩子，爸爸为你的诚实感到高兴，记住，以后再也不要随便砍这些树了！"小华盛顿抬起头看着爸爸，不解地说："可是，可是毕竟是我把你心爱的樱桃树砍了呀……"

"即使我损失了1000棵樱桃树，我也不愿意你说谎！你知道吗，只有诚实地承认自己的过错，才能取得别人的信任。"

小华盛顿深深地记下了父亲的话。

华盛顿长大后，成功地领导了美国的独立战争，当选为美国第一任总

统。他诚实正直、勇于认错的高尚品德，受到了美国人民的爱戴。为了纪念他的功绩，美国的首都就以他的名字命名。

古人语："人非圣贤，孰能无过？"说的是，即使圣贤都无法避免犯错。既然有错，且过错不可避免，那就应该勇于承认。能勇于认错不是一种耻辱，也不是一种软弱，而是一种宽阔的胸怀。优秀的美德、良好的修养和高明的智慧。

智慧心语：

缺乏勇于认错的精神，是会吃大亏的。

——钱学森

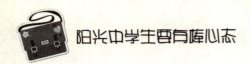

承认错误，可以帮助你化解棘手难题

在社会交往中，人难免会犯错，而主动承认错误，会使别人感觉到你很真诚。在很多情况下，承认错误，还能巧妙地帮助自己解决一些原本棘手的问题，改善你与别人的关系。

戴尔的住所附近有一片森林，他常常不给自己的狗系狗链或戴口罩，就带它到公园散步。

一天，戴尔在公园遇见一位警察，警察严肃地说："你为什么让你的狗跑来跑去，不给它系上链子或戴上口罩，难道你不知道这是违法的吗？"

戴尔说："是的，我知道，不过我认为它不会在这儿咬人。"

警察生气地说："你认为？法律是不管你怎么认为的！这次我不追究，但假如下回我再看到这只狗没有系上链子或套上口罩在公园里，你就必须去和法官解释。"

戴尔客客气气地答应遵办。可是他的狗不喜欢戴口罩，戴尔放弃改变他的狗，又带它出门了。刚开始，没有警察发现戴尔和他的狗。但是过了一会儿，来到山坡上时，戴尔又碰到了那位警察。戴尔决定不等警察开口就先发制人。

他说："警官先生，这下你当场逮到我了，我有罪，我没有托词了。上星期您警告过我，若是再带小狗出来而不替它戴口罩，就要罚我。"

这时候，那个警察却回答："好说，我知道在没有人的时候，谁都忍不住要带这么一条小狗出来玩玩。"

戴尔说："的确是忍不住，但这是违法的。"

警察反而为他开脱："你大概把事情看得太严重了，我们这么办吧，你只要让它跑过小山，到我看不到的地方，这事情就算了。"

戴尔感叹地想，那位警察也是一个人，当自己承认错误、自我责备的时候，就缓和了彼此的气氛，同时还增强了对方的自尊心。

不和他人发生正面交锋，承认对方绝对没错，自己绝对错了，并爽快

222

地、坦白地、热诚地承认自己的错误，会使你很好地处理遭遇的事情。所以，如果我们知道免不了会遭受责备，就要勇于认错。

一个人有勇气承认自己的错误，也可以获得某种程度的满足感。这不仅可以消除自己罪恶感，而且有助于解决自身错误所制造的问题。如果你做错了事，又想把事情圆满地解决，那勇于认错是一个很好的方法。

智慧心语：

我一生成功的关键，就是及时认错。

——金岩石

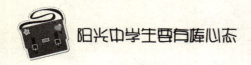

主动认错，别妄图寻找借口

在一个刮着大风的下午，公路旁边的旷野中出现了一幅奇怪的景象：一个残疾的中年人正摇着轮椅拼命地追赶着一大片在空中飞舞的报纸。他努力想去抓住那些报纸，可是风实在太大了，他残疾的双腿难以支撑他追赶报纸。转眼间，报纸散落得到处都是，中年人根本没有抓到几张。

周围有人看到了这一幕，感叹于残疾人的不幸，便主动过去帮忙，费了好大的劲，大家才把报纸都收拢。之后，大家便问他找这些报纸干什么。

残疾人挣扎着坐回到轮椅上，手臂抖个不停，面色苍白地说："老板派我给客户送几捆报纸，可是到了才发现少了一捆，就赶紧回来找。走到这里时，才看到报纸被风吹得漫天飞舞，只能一张一张拾起来，一张都不能少啊。"

大家又说："你这样的状况，很难一个人解决问题，为什么不直接跟老板解释原因呢？他也会谅解你的。"

残疾人很奇怪地望着大家，说道："为什么我不自己解决问题呢？毕竟错误是我自己犯下的啊，我必须这么做。"

千万不要利用各种借口来推卸自己的过错，忘却自己应承担的责任。借口只能让你的情绪获得短暂的放松，却丝毫无助于问题的解决。抛弃找借口的习惯，对错误要承认它们，分析它们，并为错误承担责任，你才能从错误中不断提高学习水准，并成长成熟。

智慧心语：

认错悔过，生自本人内心，方有意义，旁人强求，全无益处。

——金庸

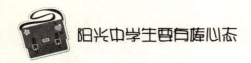

贪婪是心灵的毒药

有一群猴子喜欢偷吃农民的大米，农民对它们深恶痛绝，但又捉不到它们。多年来，人们想尽办法，用装有镇静剂的枪去射击，或用陷阱去捕捉它们，但都无济于事，因为它们的动作实在太快了。后来，人们去请教生物学家。生物学家于是根据猴子的习性找到了一种捕捉猴子的巧妙方法。

他把一只窄瓶口的透明玻璃瓶固定在树上，再放入大米。到了晚上，猴子来到树下，就把爪子伸进瓶子去抓大米。这瓶子的妙处就在于猴子的爪子刚刚能够伸进去，等它抓一把大米后，由于握着拳头，爪子却怎么也抽不出来。而那个瓶子又系在树上，使它无法拖着瓶子走。贪婪的猴子十分顽固——或者是太笨了——始终不愿意放下已到手的大米。就这样，第二天，当生物学家把它抓住的时候，它依然不愿放手。

其实，在人生的道路上，许多人往往都会与猴子犯同样的错误，由于太看重眼前的利益，该放弃时不能放弃，结果铸成大错，甚至悔恨终生。想一想，世界上有多少人为了钱财，夫妻离异、兄弟反目；有多少人为了升官发财，朋友相残，同事相害；又有多少人为了贪欲而被厄运的玻璃瓶捉住呢？

贪婪的人大多不愿通过自己的努力去获取想要的东西，而是通过其他非法的手段来攫取别人的所得。虽然贪婪可以让你获取很多东西，但也会使你失去更多的东西。当贪婪的欲求融入血液，就变成一种慢性的毒药，久而久之，你的心灵，你的行为就会被贪婪所控制。所以，大家一定要防止被贪婪毒害，否则，得不偿失。

遏制贪婪，感恩于生活的给予，学会适可而止，这样的人才能生活得开心快乐。

智慧心语：

贪婪与挥霍一样，最终都会使人成为一小块面包的乞讨者。

——托·富勒

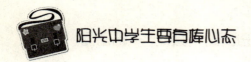

心态法则 从众效应：
不从众才能脱颖而出

　　小孩子只会跟着妈妈跑，是因为自身缺乏判断外界信息的能力；草木不由自主地随风摆动，是因为没有独立自强的能力。然而，一向以理性标榜的人们，有时候也会犯跟风的错误，盲目地跟着别人行动，这就是从众效应。

　　宁做独树一帜的雄鹰，勿做人云亦云的鹦鹉。凡事有主见，遇事有决断，才能够避免受其他人的影响，坚持自己的原则和方向。

＊ 你是不是"从众"中的一员

　　有这么一个实验：某高校举办一次特殊的活动，请德国化学家展示他最近发明的某种挥发性液体。当主持人将满脸大胡子的"德国化学家"介绍给阶梯教师里的学生后，化学家用沙哑的嗓音向同学们说："我最近研究出了一种强烈挥发性的液体，现在我要进行实验，看要用多长时间能从讲台挥发到全教室，凡闻到一点味道的，马上举手，我要计算时间。"

　　说着，他打开了密封的瓶塞，让透明的液体挥发……不一会，前排的同学，中间的同学，后排的同学都先后举起了手。不到2分钟，全体同学举起了手。

　　此时，"化学家"一把把大胡子扯下，拿掉墨镜，原来他是本校的德语老师。他笑着说："我这里装的是蒸馏水！"

　　这个实验，生动地说明了同学之间的从众效应——看到别人举手，也跟着举手，但他们并不是撒谎，而是受"化学家"的言语暗示和其他同学举手的行为暗示，似乎真的闻到了一种味道，于是举起了手。

　　从众效应是指由于群体的压力，个体不知不觉地在认识和行为上和多数人保持一致的现象。从众现象的产生源于多种心理和行为上的原因。寻求一致是一种人所共有的、极为普遍的行为心态。

从众效应是一种追随别人行为的常见心理效应，本身并无好坏之分，其作用取决于在什么问题、什么场合上产生从众行为。积极的从众效应可互相激励情绪，做出勇敢之举；消极的从众效应则互相壮胆干坏事，如看到别人乱闯红绿灯，不少人也跟着乱闯。

从某种意义上讲，从众效应引起的是带有一定盲目性的行为倾向，更多表现为人际关系方面的依赖性和决定选择方面的被动性。因此，它对人们正确判断事物构成了极大的障碍。只有摆脱从众效应的束缚，才能够冷静、理性地做出决策。

✱ 不从众才能脱颖而出

著名主持人曾子墨拥有一份几乎完美的履历：出生于高级知识分子家庭，从人大附小、附中一直读到人大。她不是最用功的，却一直是成绩最好的学生。她1992年赴美留学，1996年以最高荣誉毕业于达特茅斯大学。毕业后加入国际著名投资银行摩根斯坦利，先后参与完成超过700亿美元的企业收购及公司上市项目。2001年年底加入凤凰卫视，成为非常受欢迎的财经节目主持人。

在摩根斯坦利的日子，她自己现在回想起来都觉得很疯狂。大概有半年的时间，她几乎每天只睡两三个小时。白天累极了，就趴在办公桌上小睡10分钟，然后又开始敲电脑、组织会议、与客户见面。在纽约拼了两年后，子墨决定到摩根斯坦利的香港分公司继续工作。此时，正值凤凰卫视准备在香港上市之际，摩根斯坦利与其他很多大的投资公司都在与"凤凰"接触，希望争取到这个项目。于是，她开始认真思考自己的生活轨迹。一个人的生活方式有千千万万，不一定要和别人相同，做一头特立独行的猪也许比做一只流水线上的鸡要有趣得多。

于是，子墨给自己放了足足4个月的假，只身到西藏旅游。一天，子墨遇到了一位打过交道的凤凰卫视高层领导，聊天过程中她突然想起自己可以加盟"凤凰"，做她心仪已久的媒体工作。3个月后，子墨担任凤凰卫视的财经主播，把自己的专业和兴趣完美地结合在了一起。

进入国际著名投资银行工作，是多少财经界人士的梦想，多少高学历人士在这条路上挤得头破血流。然而已获得这样机会的曾子墨却毅然放弃，走出一条适合自己的新路。

不从众，所以飞得更自由。有主见才有魅力，有决断才有魄力。

10 感恩，
使浮躁的心平静下来

感谢明月照亮了夜空
感谢朝霞捧出的黎明
感谢春光融化了冰雪
感谢大地哺育了生灵
感谢母亲赐予我生命
感谢生活赠友谊爱情
感谢苍穹藏理想幻梦
感谢时光长留永恒

——《感谢你》孙悦

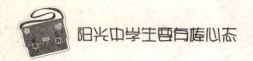

不要吝啬向别人说谢谢

  一个小县城的一所中学开家长会,来了几十位家长。几个女同学负责接待。可有些孩子根本不懂接待是什么意思,她们只是把家长们迎进来,让座、倒茶。空下来的时候,就开始窃窃私语。交头接耳的女孩子们把眼光集中在了一个人身上,那是转学来的一位同学的母亲,她来自北京。她的容貌并不漂亮,衣着和发式也并不显得很时髦,可是女孩子们用她们仅有的词汇得出了一个一致的结论:她最有风度。

  其中一个女孩子去给那位母亲倒水,回来时,脸颊红红的。她迫不及待地对自己的同学们说:"你们猜,我倒水时她对我说什么了?"不等同学们猜,她就说了出来:"她说,谢谢。"

  女孩子们面面相觑。在她们这样的年纪,在她们这么偏远的小县城里,没有谁用过、听过"谢谢"这两个字。这是一个多么新鲜、温暖的词汇啊。

  女孩子们开始争先恐后地去倒水,然后一个个脸红红地回来。轮到去倒水的女生甚至会有点儿心跳,她们总是害羞地走到那位"最有风度"的母亲面前,轻轻的加满水,红着脸听人家说一声"谢谢"。那个时候的她们,还不会说"不客气"。

  那次家长会后,那个转学来的同学成为所有同学羡慕的对象。大家都认为,她拥有一个最幸福的家庭。

  从那次家长会后,那些窃窃私语的女孩子们学会了一个极温暖的词汇:谢谢。

10 感恩，
使浮躁的心平静下来

感谢明月照亮了夜空
感谢朝霞捧出的黎明
感谢春光融化了冰雪
感谢大地哺育了生灵
感谢母亲赐予我生命
感谢生活赠友谊爱情
感谢苍穹藏理想幻梦
感谢时光长留永恒

——《感谢你》孙悦

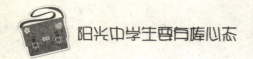

不要吝啬向别人说谢谢

　　一个小县城的一所中学开家长会，来了几十位家长。几个女同学负责接待。可有些孩子根本不懂接待是什么意思，她们只是把家长们迎进来，让座、倒茶。空下来的时候，就开始窃窃私语。交头接耳的女孩子们把眼光集中在了一个人身上，那是转学来的一位同学的母亲，她来自北京。她的容貌并不漂亮，衣着和发式也并不显得很时髦，可是女孩子们用她们仅有的词汇得出了一个一致的结论：她最有风度。

　　其中一个女孩子去给那位母亲倒水，回来时，脸颊红红的。她迫不及待地对自己的同学们说："你们猜，我倒水时她对我说什么了？"不等同学们猜，她就说了出来："她说，谢谢。"

　　女孩子们面面相觑。在她们这样的年纪，在她们这么偏远的小县城里，没有谁用过、听过"谢谢"这两个字。这是一个多么新鲜、温暖的词汇啊。

　　女孩子们开始争先恐后地去倒水，然后一个个脸红红地回来。轮到去倒水的女生甚至会有点儿心跳，她们总是害羞地走到那位"最有风度"的母亲面前，轻轻的加满水，红着脸听人家说一声"谢谢"。那个时候的她们，还不会说"不客气"。

　　那次家长会后，那个转学来的同学成为所有同学羡慕的对象。大家都认为，她拥有一个最幸福的家庭。

　　从那次家长会后，那些窃窃私语的女孩子们学会了一个极温暖的词汇：谢谢。

　　"谢谢"是不花钱的礼物。一个很简单的字眼儿。但是有很多人却忽略它。其实它就像一个魔语，运用好了会给你带来意想不到的收获。同学们，不要因为冬天的寒冷而失去春天的希望。我们感谢上苍，是因为有了四季的轮回。我们感谢他人，是因为他人给予过我们帮助与鼓励。无论什么时候，都不要吝啬向别人说谢谢。

智慧心语：

　　不管一个人取得多么值得骄傲的成绩，都应该饮水思源，应该记住是很多人为他们的成长播下了最初的种子。

——居里夫人

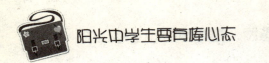

学会感恩，从今天开始

　　一个生活贫困的男孩为了积攒学费，挨家挨户地推销商品。他的推销进行得很不顺利，傍晚时他疲惫万分，饥饿难耐，绝望得想放弃一切。

　　走投无路的他敲开一扇门，希望主人能给他一杯水。开门的是一位美丽的年轻女子，她笑着递给了他一杯浓浓的热牛奶。男孩和着眼泪把它喝了下去，从此对人生重新鼓起了勇气。

　　许多年后，他成了一位著名的外科大夫。

　　一天，一位病情严重的妇女被转到了那位著名的外科大夫所在的医院。大夫顺利地为妇女做完手术，救了她的命。无意中，大夫发现那位妇女正是多年前在他饥寒交迫时给过他那杯热牛奶的年轻女子！他决定悄悄地为她做点什么。

　　那位妇女一直为昂贵的手术费发愁，当她不得不硬着头皮办理出院手续时，她却在手术费用单上看到这样七个字——手术费：一杯牛奶。

　　那位昔日的年轻女子没有看懂那几个字，她早已不再记得那个男孩和那杯热牛奶。然而，这又有什么关系？

成长启迪：

　　这则关于感恩的故事提醒很少感动、不再感动的人们：

　　感恩，是结草衔环，是滴水之恩涌泉相报；感恩，是值得你用一生去等待的一次宝贵机遇；感恩，是值得你用一生去珍视的一次爱的教育；感恩，不是为求得心理平衡的喧闹的片刻答谢，而是发自内心的无言的永恒回报；感恩，让生活充满阳光，让世界充满温馨。

智慧心语：

　　蜜蜂从花中啜蜜，离开时盈盈地道谢。浮夸的蝴蝶却相信花是应该向它道谢的。

——泰戈尔

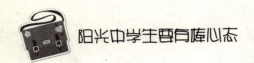

要学会感谢帮助你的人

　　艾德里安是一家销售公司的员工，他每天奔波于城市之间推销商品。他经常遭到别人的拒绝，每次遭到拒绝时，他总是感谢顾客耐心听完他的解说。他下一次再来的时候也许顾客不记得他，但是长此以往，顾客终于记住了这个爱说谢谢的小伙子，大家都说他是一个优秀的员工。

　　在圣诞节的时候，艾德里安收到总监亲笔写的贺卡："谢谢你的努力工作。在那段没有进展的时间里，我注意到你是如何应对那群客户的。他们有点冷漠，但因为你的积极态度，你不断地付出，才让他们很满意。非常感谢你为此所做的贡献。"

　　艾德里安收到这封意外的来信非常高兴，在以后的工作中，每当遇到困难的时候，他总是拿出这封信来高声读一读，读完后就像在身体里注入了一股神奇的力量，他就以更加十足的精神投入到工作中。

　　第二年圣诞节来到了，艾德里安在想是否还会收到一张贺卡。然而，这次艾德里安收到的不仅是一张贺卡，里面还有一份巨额奖金。总监是这样写的："是你的精神感动了我们的顾客，使他们在公司处于低迷时也一如继往地支持我们，使我们的业绩得到了惊人的进步，再次谢谢你的努力工作！"

　　艾德里安十分感动，他没有想到自己作为一名普通员工，竟然能得到总监如此特别的感谢和如此丰厚的奖励。从此以后，他工作得更卖力了。

许多成功的人都说他们是靠自己的努力而成功的。事实上，每一个取得杰出成就的人，都受到过别人许多的帮助。一旦你明确了成功的目标，付诸行动之后，你会发现自己实际上已经获得许多意料之外的帮助。事实上，无论你是否取得成就，一定要时时感谢那些帮助过你的人。

智慧心语：

感谢是美德中最微小的，忘恩负义是恶习中最不好的。

——英国谚语

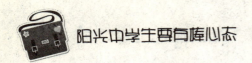

学会感恩目前所有，不做贪心的羊群

在澳大利亚，有一片名叫"Spring Book"的草原，那里的草长得特别肥美，所以那里的羊群发展得特别快，而每当羊群发展到一定的限度，就会出现一种非常奇怪的现象：走在前面的羊群总能够吃到草，而走在后面的总是只能吃剩下的，于是后面的羊群在前面羊群吃草的时候，就会拼命地跑到队伍的前面。

就这样，羊群为了争夺食物，都不愿意落在后面，这样草原上就形成了一个非常壮观的场面，羊群都朝着一个方向不停地奔跑。

草原的尽头有一片悬崖，羊群跑到悬崖边缘也全然不去理会，于是整群的羊就往悬崖下跳……

从一开始，羊群只是为了贪吃一点青草，但为了争夺这一点青草，最后却贪"吃"了自己。

当贪念开始升起时，别忘了提醒自己，贪念会把你带到悬崖。

贪婪的人大多都不懂得感恩。他们意志薄弱，对自己的欲望没有自制力，而心里又永远不会满足，他们有的人知道自己所作所为是不好的，但就是控制不住自己的手，总认为自己有比别人更好的运气，比别人更高的本事，一次又一次做出违背自己良心道德的事来。贪婪终会自食恶果，亲自喝下贪婪带来的"苦药"。其实，满足于目前所有，感恩于大自然的馈赠，大家都可以生存得很好，不会导致你争我斗的局面发生。

智慧心语：

贪婪者总是一贫如洗。

——克劳德兰纳新

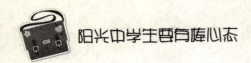

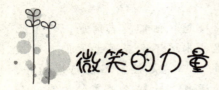

微笑的力量

1930 年，西蒙·史佩拉传教士每日在乡村的田野中漫步。无论是谁，只要经过他的身边，他都会热情地向他们打招呼问好，其中有个叫米勒的农夫是他每天打招呼的对象之一。

当传教士第一次向米勒道早安时，这个农夫只是转过身去，像一块石头般冷漠又寡言。因为在这里犹太人和当地居民处得并不太好，成为朋友更是不可能的事。不过这并没有打消传教士的勇气和决心。一天天过去了，他始终以温暖的笑容和热情的声音向米勒打招呼，终于有一天，农夫向教士举帽子示意，脸上也第一次露出一丝笑容了。这样的习惯持续了好多年，一直延续到纳粹党上台为止。

史佩拉全家与村中所有的犹太人都被集合起来送往集中营。史佩拉被送往一个又一个营，直到他来到最后一个位于奥斯威辛的集中营。

从火车上被放下来以后，他就等在长长的行列之中，静待发落。在行列的尾端，他远远地看到营区指挥官拿着指挥棒一会儿指向左，一会指向右。他知道发派到左边的就是死路一条，右边则还有生还机会。他的心脏怦怦跳动着，越靠近那个指挥官就跳得越快，因为他清楚这个指挥官有权将他送入焚化炉中。

他的名字被叫到了，然后那个指挥官转过身来，两人的目光相遇了。教士静静地朝指挥官说："早安，米勒先生。"米勒的一双眼睛依然冷酷，但听到他的招呼时突然抽动了几秒钟，然后也静静地回道："早安，西蒙先生。"接着，他举起指挥棒指了指说："右！"他边喊还边不自觉地点了点头。

种子撒在泥土中，到了春天会开满鲜花；种子撒在人的心里，时间会让我们收获一份惊喜。

吝啬一声温情的问候，就会掩盖了生命的阳光；奉献一个甜蜜的微笑，你终将得到更诚挚的回报——这就是感恩的力量。让我们时常播撒友善的种子，有那么一天，别人的感恩将会帮助我们渡过生命的难关。

智慧心语：

当生活像一首歌那样轻快流畅时，笑颜常开乃易事；而在一切事都不妙时仍能微笑的人，才活得有价值。

——威尔科克斯

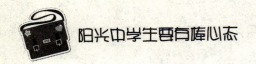

感恩之心需要及时表达

比尔有血液系统紊乱的毛病，很容易疲倦。有一天他开车回到家里，感觉很累，希望能够小睡一下。这时候，一位邻居兴高采烈地跑来，说他帮比尔在园子里种了两棵菜。比尔随口说声谢谢，就进屋睡觉了，因为他感觉实在太困了。

睡意向比尔袭来，但他始终睡不着。比尔猛然坐起，明白自己的不安是因为没有向邻居衷心致谢。他立刻走到园子里，为刚才的淡漠向邻居道歉，并重新真诚致谢。

比尔说："这位邻居知道我有心血管方面的毛病，也知道休息对我很重要，当他知道我为了向他致谢而中断睡眠，非常感动，又帮我多种了两棵菜。我们两个都从再一次致谢中受惠。"比尔接着说："心中感激却没说出来，就好像包好礼物却没送出去。"

向别人表示你的感谢是一个积极有意义的举动。从你那里得到过感谢的人会希望将来再次得到你的谢意和肯定，因为他看到自己对你的帮助能够得到你的赞赏。你的衷心感谢也会换来真心相报，日后对方还会乐意帮助你的。

甘地曾经说过："我们一定要成就自己希望这世界发生的改变。"如果你也希望学会感恩，这些事情你一定要做：爱你的家庭，爱你的父母，多花些时间和精力陪他们；多交些朋友，邀请邻居来家里喝茶；去拜访一位老人，听他讲讲过去的故事；给一位心情不好的朋友写张充满鼓励话语的便条；到杂货店为家里采购日常生活用品；给慈善机构或公益活动捐些东西，等等。

如果你慢慢改变自己对周遭事情的看法，逐渐对自己已经拥有的东西感到满意，那么，你在帮助别人的同时会变得更加慷慨，因为你的心底是那么富足！

"滴水之恩，涌泉相报。"懂得感激别人为自己所做的一切，不要把你所拥有的视为理所当然，你才能从别人那儿获得更多的帮助。感恩往往只是一句真诚的谢语或是一个小小的举动，却有着"授人玫瑰，手有余香"的效果。

智慧心语：

感谢命运，感谢人民，感谢思想，感谢一切我要感谢的人。

——鲁迅

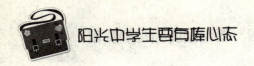
善于把快乐 "传染" 给他人

　　陈丽是一家广播电台的播音员，她在主持一个《礼貌人间》的节目，其主要目的就是为创建文明城市而做宣传活动。她把在工作中的热情带到生活中来，如乘计程车下车时，她对司机说："谢谢你，你开车开得好极了。"

　　司机很惊讶，问："怎么了小姐，我的车哪里开得不对吗？"

　　"不，司机师傅，交通状况这样不好的情形下你还能开得这样稳，真的非常感谢你！"

　　"噢。"司机马上绽开了笑脸，临走时对她说："欢迎下次再次乘坐！祝你好运，姑娘！"

　　"你今天怎么了？你平时不爱和陌生人说话的。"她的朋友很不解。

　　"你不觉得以前的我很闭塞吗？我尝试着用我的实际行动来实践我的工作，对别人说声谢谢，我也收获了他的祝福，这多好啊！"

　　陈丽接着说："我相信我已使那个计程车司机今天一整天都心情愉快。他肯定会对他的顾客都很客气，那些顾客也会因为他的周到的服务而感到快乐的。"

成长启迪：

快乐的情绪会传染人，我们由衷地表达出自己的谢意会使他人感到快乐，快乐更会在彼此的交流沟通中相互传递。举手投足之间的善意可以带给别人快乐，我们何乐而不为呢。

"谢谢你"、"我很感谢"，这些话应该经常挂在嘴边。以特别的方式表达你的谢意，比贵重的物品更值得让人珍惜。

智慧心语：

世界上没有比快乐更能使人美丽的化妆品。

——布雷顿

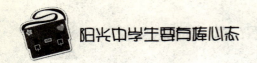

经常对亲近的人说"谢谢"

一次朋友聚会，谢亮不无感悟地讲起他可爱的妻子：谢亮是一个工作很忙的人，回到家，还没等放下皮包，就跑到厨房问他的妻子："饭做好了吗？"

有一次，他带着一个朋友到家里吃饭。一进门，公文包就被妻子接过去，妻子说："你们快点洗手，我把饭早就做好了，有你们最爱吃的排骨和鱼。"

朋友笑着说："嫂子，给您添麻烦了。"

这个朋友是一个单身，以前有妻子，不幸分开了。他平时一个人总是在小饭馆随便吃一口，看着一桌香喷喷的饭菜，朋友感动得差点掉眼泪："一回家就有热饭热菜，感觉真好！唉，我可是每天都一个人，没人理我。"

朋友对谢亮说："你真有福气，真有福气啊，有这么好的老婆照顾你。"谢亮看着妻子，不禁感慨万千。

那天吃完饭，他没有像往常一样躺在沙发上看电视，而是主动把碟碗刷得干干净净。谢亮说："我真的应该深情地对她说，'谢谢你，辛苦了，老婆。'"

面对至亲至爱的人，我们总觉得他们所做的一切都是理所当然的，然而我们恰恰忽略了最基本的礼貌，忽略了对他们表示最基本的谢意。

不要忘了感谢你周围的人：你的同学或朋友、老师或亲人。他们总在身边默默地鼓励你，支持你。虽然你也一直心存感谢，但一定要说出来，让他们听见。经常如此，可以增进彼此之间的感情。

智慧心语：

家庭和睦是人生最快乐的事。

——歌德

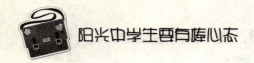

心态法则 皮格马利翁效应：不要吝啬激励

皮格马利翁是古希腊神话里的一位国王，他曾用象牙雕刻了一座美女像，他每天看着这座理想中美女化身的雕像，竟然对自己的作品产生了爱慕之情。痴情的国王祈求神赋予雕像生命，神被他感动了，就真的让这座美女雕像活了，于是国王便娶她为妻子。这就是皮格马利翁效应的由来。

皮格马利翁效应告诉我们：对一个人传递积极的期望，就会使他进步得更快，发展得更好；反之，向一个人传递消极的期望，则会使人自暴自弃，放弃努力。

✱ 期待更高，获得的效果更好

期望或者说希望真的能够变成现实吗？很多人觉得这不过是个神话，可是有两位心理学家罗森塔尔和雅格布森却专门对此进行了一项有趣的研究。

他们来到一所学校，和校方协商要对全体同学进行智力测试。而实际上他们只不过在全体学生中进行了随机抽样，然后便拿着这份名单告诉校方：上面选出的学生智商很高，有很好的天分，要是学校能够加以精心培养，一定会学业有成。校方对这一结果深信不疑，立刻采取了相关措施。果然，在期末测试中，这些学生比其他学生表现出了更高的水平。

研究者们通过实验证明，正是由于教师和学校对这些学生们产生了很高的期望，给了他们更多的关注与激励，于是这些学生就更有信心，表现得更优秀。

这种现象说明对别人期待更高，就可以获得更好的效果。于是研究者借用希腊神话中出现的主人公的名字，把激励的这种巨大作用命名为皮格马利翁效应。皮格马利翁效应又称为期待效应。这种期待，往往通过对别人的赞美表现出来。

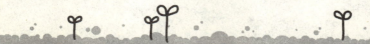

期待某人能够做得更好，往往是对他所付出的努力的一种肯定，是对其所取得的成就的一种欣赏，是对其继续向前发展的一种激励。

对于强者，激励使他更加自信；对于弱者，激励使他发现自己还有用武之地。仅仅因为一句激励，可能就此改变一个人对于过去、自己和世界的看法；仅仅因为一句激励，可能会改变一个人的态度和行动，从此影响他的一生。

我们可以巧妙地利用皮格马利翁效应来激发别人的斗志，从而创造出惊人的成就。皮格马利翁效应传达了长者或者领导者对于暂时没有杰出成绩的人的信任和期望，是促进别人上进的最有效的灵丹妙药。

＊用鼓励成就一个人

罗杰·罗尔斯出生在纽约的一个叫"大沙头"的贫民窟，在这里出生的孩子长大后很少有人从事较体面的职业。

罗尔斯小时候正值美国嬉皮士流行的时代，他跟当地其他孩子一样，顽皮、逃课、打架、斗殴，令人头疼。幸运的是，罗尔斯当时所在的小学来了位叫皮尔·保罗的校长，从此改变了他的人生轨迹。

有一次，当调皮的罗尔斯从窗台上跳下走向讲台时，出乎意料地听到校长对他说："我一看就知道，你将来是纽约州的州长。"校长的话对他震动特别大。从此，罗尔斯记下了这句话。"纽约州州长"就像一面旗帜，带给他信念，指引他成长。他衣服上不再沾满泥土，说话时不再夹杂污言秽语，他开始挺直腰杆走路，很快成了班里的主席。

40多年间，他没有一天不按州长的身份要求自己。终于在51岁那年，他真的成了纽约州州长，而且是纽约历史上第一位黑人州长。

说你行，你就行。其实，我们不用美慕那位老校长多么有眼光，一下子就能看得出谁是40年后的州长，事实上我们每个人都可以当这样神奇的"预言家"。只要乐于激励别人，给他人一句鼓励的话、一个赞赏的眼神，就可以激发他内心无穷的潜力，帮助他实现自己的理想。

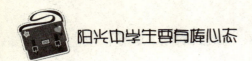

❋ 让别人充分发挥才能

"二战"时期，巴顿将军在带领其集团军在欧洲作战的时候，曾经发表了如下一段动员演讲：

我们已经迫不及待了，早一日收拾掉万恶的德国鬼子，我们就能早一日去收拾那些日本鬼子的老巢。我们如果不抓紧时间，功劳就会全让那些狗娘养的海军陆战队夺去了。是的，我们想早日回家，我们想让这场战争尽快地结束，最快的办法就是干掉那些燃起这个战火的狗杂种们。

我们早一日把他们消灭，我们就可以早日回家，我们回家的捷径就是要通过柏林和东京，把他们全部消灭了，我们才能回家。弟兄们，凯旋回家以后，今天在的弟兄们都会获得一种值得夸耀的资格。

20 年以后，你们会很庆幸你参加了这一次世界大战。那个时候你们坐在壁炉边，你们的孙子坐在你们的膝盖上，你们的孙子问你一个问题，他说："爷爷，在第二次世界大战的时候您在干什么呀？"你们就不用很尴尬地咳嗽一声，然后很不好意思地说："你爷爷当时正在路易斯安那铲粪呢。"

弟兄们，你们可以很骄傲地盯着你们孙子的眼睛，跟他讲："孙子，你爷爷我当年正在跟第三集团军的巴顿在一起并肩作战呢。"

尽管巴顿将军措词有些粗俗，但巴顿将军的这段演讲却为他的士兵描绘了一个美好的人生愿景。正是在这种愿景的激励下，巴顿将军和他的战士们才拥有了战斗的勇气和胜利的决心。

描绘一个伟大的愿景，是调动他人积极性的最有效方式，激励他们为实现目标而努力。请注意，这样做的效果远比一般的激励方法要好很多。还比如，孩子不认真学习，家长可以采用这样的激励方法："如果这次数学能考全班第一，放假就带你去海南旅游。海南你没去过，可真好玩……"家长描绘了一个蓝图，孩子心动了，便会努力去考第一了。

赞美别人，是对他所付出的努力的一种肯定，是对其所取得的成就的一种欣赏，是对其继续向前发展的一种激励，人有70%的潜能是沉睡的，给人以激励和赞美是开发潜能最有效的途径。

期待某人能够做得更好，往往是对他所付出的努力的一种肯定，是对其所取得的成就的一种欣赏，是对其继续向前发展的一种激励。

对于强者，激励使他更加自信；对于弱者，激励使他发现自己还有用武之地。仅仅因为一句激励，可能就此改变一个人对于过去、自己和世界的看法；仅仅因为一句激励，可能会改变一个人的态度和行动，从此影响他的一生。

我们可以巧妙地利用皮格马利翁效应来激发别人的斗志，从而创造出惊人的成就。皮格马利翁效应传达了长者或者领导者对于暂时没有杰出成绩的人的信任和期望，是促进别人上进的最有效的灵丹妙药。

✳ 用鼓励成就一个人

罗杰·罗尔斯出生在纽约的一个叫"大沙头"的贫民窟，在这里出生的孩子长大后很少有人从事较体面的职业。

罗尔斯小时候正值美国嬉皮士流行的时代，他跟当地其他孩子一样，顽皮、逃课、打架、斗殴，令人头疼。幸运的是，罗尔斯当时所在的小学来了位叫皮尔·保罗的校长，从此改变了他的人生轨迹。

有一次，当调皮的罗尔斯从窗台上跳下走向讲台时，出乎意料地听到校长对他说："我一看就知道，你将来是纽约州的州长。"校长的话对他震动特别大。从此，罗尔斯记下了这句话。"纽约州州长"就像一面旗帜，带给他信念，指引他成长。他衣服上不再沾满泥土，说话时不再夹杂污言秽语，他开始挺直腰杆走路，很快成了班里的主席。

40多年间，他没有一天不按州长的身份要求自己。终于在51岁那年，他真的成了纽约州州长，而且是纽约历史上第一位黑人州长。

说你行，你就行。其实，我们不用羡慕那位老校长多么有眼光，一下子就能看得出谁是40年后的州长，事实上我们每个人都可以当这样神奇的"预言家"。只要乐于激励别人，给他人一句鼓励的话、一个赞赏的眼神，就可以激发他内心无穷的潜力，帮助他实现自己的理想。

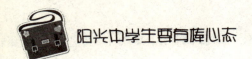

٭让别人充分发挥才能

"二战"时期，巴顿将军在带领其集团军在欧洲作战的时候，曾经发表了如下一段动员演讲：

我们已经迫不及待了，早一日收拾掉万恶的德国鬼子，我们就能早一日去收拾那些日本鬼子的老巢。我们如果不抓紧时间，功劳就会全让那些狗娘养的海军陆战队夺去了。是的，我们想早日回家，我们想让这场战争尽快地结束，最快的办法就是干掉那些燃起这个战火的狗杂种们。

我们早一日把他们消灭，我们就可以早日回家，我们回家的捷径就是要通过柏林和东京，把他们全部消灭了，我们才能回家。弟兄们，凯旋回家以后，今天在的弟兄们都会获得一种值得夸耀的资格。

20年以后，你们会很庆幸你参加了这一次世界大战。那个时候你们坐在壁炉边，你们的孙子坐在你们的膝盖上，你们的孙子问你一个问题，他说："爷爷，在第二次世界大战的时候您在干什么呀？"你们就不用很尴尬地咳嗽一声，然后很不好意思地说："你爷爷当时正在路易斯安那铲粪呢。"

弟兄们，你们可以很骄傲地盯着你们孙子的眼睛，跟他讲："孙子，你爷爷我当年正在跟第三集团军的巴顿在一起并肩作战呢。"

尽管巴顿将军措词有些粗俗，但巴顿将军的这段演讲却为他的士兵描绘了一个美好的人生愿景。正是在这种愿景的激励下，巴顿将军和他的战士们才拥有了战斗的勇气和胜利的决心。

描绘一个伟大的愿景，是调动他人积极性的最有效方式，激励他们为实现目标而努力。请注意，这样做的效果远比一般的激励方法要好很多。还比如，孩子不认真学习，家长可以采用这样的激励方法："如果这次数学能考全班第一，放假就带你去海南旅游。海南你没去过，可真好玩……"家长描绘了一个蓝图，孩子心动了，便会努力去考第一了。

赞美别人，是对他所付出的努力的一种肯定，是对其所取得的成就的一种欣赏，是对其继续向前发展的一种激励，人有70%的潜能是沉睡的，给人以激励和赞美是开发潜能最有效的途径。

棒❤态心情日记

心情指数: 高兴 一般 郁闷 囧

日 期:

天气指数: 晴 多云 阴 雨

棒❤态心情日记

心情指数: 高兴 一般 郁闷 囧

日 期:

天气指数: 晴 多云 阴 雨

日 期:

天气指数: 晴 多云 阴 雨

棒❤态心情日记

心情指数: 高兴 一般 郁闷 囧